廖允成

安徽六安人，西北农林科技大学教授、副校长。1998
年博士研究生毕业于西北农业大学，获农学博士学位。
2004年1月至7月在新西兰林肯大学做访问学者。主讲"农
业生态学"、"农业概论"、"农业技术经济学"等课程，
是国家级精品课、国家级精品资源共享课"农业生态学"
和"陕西省耕作与农业生态类课程教学团队"的负责人。
作为主持人分别荣获2011年度和2013年度陕西省教学成
果二等奖。2007年入选教育部"新世纪优秀人才支持计划"，
2010年以来先后荣获国务院"全国粮食生产突出贡献农业
科技人员"、宝钢优秀教师奖、国务院政府特殊津贴、陕
西省教学名师、陕西省中青年科技创新领军人才等称号。

长期致力于旱作农田降水资源高效利用、旱区作物与
环境互作等方向的研究与实践。主持多项国家自然科学基
金项目和省部级课题研究工作，研究成果多次荣获省部级
奖励。发表学术论文近100篇，SCI收录近40篇，主编出
版著作5部，参编著作10余部。主要著作有《农业生态学》、
《中国粮食问题——中国粮食生产能力提升及战略储备》、
《毛乌素沙地农业生态系统耦合研究》、《黄土高原旱作
农田降水资源高效利用》、《宁南旱区种植结构优化与生
产能力提升》。

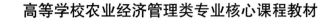

高等学校农业经济管理类专业核心课程教材

农业概论

主 编　廖允成
副主编　姜道宏
　　　　杨晓红
　　　　刘 杨

高等教育出版社·北京

内容简介

本书共 11 章,分别是:绪论、农业的起源与发展、农业资源与区划、农业生态系统、农业生产经营、现代农业科技、世界农业、作物学概述、园艺学概述、畜牧学概述、植物保护学概述。

本书可用作农林经济管理、农村区域发展以及农学类各专业的本科生教材,也可用作社会学、管理学和经济学其他相关专业本科生和研究生的选修教材,同时还作为从事农业经济管理以及农业科技管理工作人员的参考书。

图书在版编目(C I P)数据

农业概论/廖允成主编.--北京:高等教育出版社,2017.6(2023.12 重印)

ISBN 978-7-04-047803-7

Ⅰ.①农…　Ⅱ.①廖…　Ⅲ.①农业科学-高等学校-教材　Ⅳ.①S

中国版本图书馆 CIP 数据核字(2017)第 117944 号

农业概论　Nongye Gailun

策划编辑　刘　荣	责任编辑　刘　荣	特约编辑　吕培勋	封面设计　赵　阳
版式设计　马敬茹	插图绘制　黄云燕	责任校对　张小镝	责任印制　刁　毅

出版发行	高等教育出版社	咨询电话	400-810-0598
社　　址	北京市西城区德外大街 4 号	网　　址	http://www.hep.edu.cn
邮政编码	100120		http://www.hep.com.cn
印　　刷	中农印务有限公司	网上订购	http://www.hepmall.com.cn
开　　本	787mm×960mm　1/16		http://www.hepmall.com
印　　张	11.25		http://www.hepmall.cn
字　　数	200 千字	版　　次	2017 年 6 月第 1 版
插　　页	1	印　　次	2023 年 12 月第 4 次印刷
购书热线	010-58581118	定　　价	33.00 元

《农业概论》编写组成员

主　　编：廖允成（西北农林科技大学）

副主编：姜道宏（华中农业大学）

　　　　杨晓红（西南大学）

　　　　刘杨（西北农林科技大学）

参　　编：温晓霞（西北农林科技大学）

　　　　胡建宏（西北农林科技大学）

　　　　夏显力（西北农林科技大学）

　　　　韩娟（西北农林科技大学）

　　　　冯永忠（西北农林科技大学）

　　　　韩新辉（西北农林科技大学）

　　　　吴伟（西北农林科技大学）

　　　　秦晓梁（西北农林科技大学）

　　　　李亚君（西北农林科技大学）

　　　　马红玉（西北农林科技大学）

　　　　韩叙（西北农林科技大学）

　　　　郭相兴（西北农林科技大学）

　　　　王满囷（华中农业大学）

　　　　付艳苹（华中农业大学）

　　　　程家森（华中农业大学）

　　　　周爱民（华中农业大学）

前　言

农业概论是农林经济管理和农村区域发展专业的核心课程之一。随着农林院校专业调整和培养方案的不断修订,课程设置也发生了相应的变化,对课程内容及教学时数有了全新的要求。为了满足教学改革及新形势下人才培养的需要,西北农林科技大学、华中农业大学、西南大学等农业院校联合编写了《农业概论》一书。

农业是国民经济系统的重要组成部分。农业本身也是一个复杂的系统,可以划分为农、林、牧、渔等若干部门,每一个部门可以进一步细分为更小的子系统。全面地了解、认识农业,从全局角度以及系统论的观点看待农业、研究农业知识,是农业院校学生应具备的技能和知识素养。本书内容力求简明、系统,特别强调农业问题的系统性和农业各学科知识的互补性。希望通过课程的学习,学生能够全面地了解农业各学科的基本知识,能够全面地了解农业,为将来更深入地学习、研究农业相关知识打下良好的基础。

本书共 11 章。第一章由廖允成编写,第二章由廖允成、刘杨、吴伟编写,第三章由冯永忠、韩新辉编写,第四章由廖允成、温晓霞、秦晓梁编写,第五章由马红玉、夏显力、韩叙、郭相兴编写,第六章由韩娟、李亚君、秦晓梁编写,第七章由温晓霞、韩娟、李亚君编写,第八章由刘杨编写,第九章由杨晓红编写,第十章由胡建宏编写,第十一章由姜道宏、王满囷、付艳苹、程家森、周爱民编写。全书由廖允成统稿。

由于本书涉及内容较为广泛,缺憾之处在所难免,望广大科教人员及学生批评指正。

编者

2017 年 3 月

目　录

第一章 绪论

本章学习目标

1. 掌握农业的基本概念与特征；
2. 了解农业的发展历程；
3. 了解中国农业技术发展的现状与方向。

导 读

　　农业是世界上最古老的产业。农业不兴，无从谈百业之兴；农民不富，难保国泰民安。首先，农业是一切生产的首要条件，更是人类的衣食之源、生存之本。农业的发展和进步奠定了人类社会经济存在与发展的基础。农业的发展状况直接影响着国民经济全局的发展。其次，农业是工业等其他物质生产部门与一切非物质生产部门存在与发展的必要条件。从经济角度看，农业是国民经济的基础,是经济发展的前提;从社会角度看,农业是社会安定的基础,是安定天下的产业。那么,农业具体的定义、发展历程及目前我国农业技术发展的现状与方向就成为认识农业之前必须了解的内容。

第一节 农业与农业生产

农业有上万年的历史,而真正意义上的农业,即传统农业只有两千多年的历史。农业建立在实验科学基础上的时间仅二三百年。农业在发展,人们对农业的认识也在不断加深,农业理论也在不断完善。随着现代农业的快速发展,农业已不再是单一的产品生产行业,农业生产从手工劳动到机械化操作,及至信息技术驱动下的精准化、数字化,可控性越来越强。农业人口越来越少,而农业与工业的结合越来越紧密,农业逐渐走向研发、生产、推广、贸易一体化的道路,大大提高了农产品的附加值,推动了农业经济的综合发展,加速了农业产业化进程。随着生态农业、观光农业、都市农业、生物质农业的兴起,农村与城市、农业与工业将逐渐走向相互融合、相互支撑、共同发展的道路。

一、农业的基本概念与内涵

利用动物、植物等生物的生长发育规律,通过人工培育来获得产品的生产活动,统称为农业。一般认为,农业是依靠植物、动物、微生物的机能,通过人的劳动去控制、强化农业生物的生长发育过程,来取得社会所需要的产品的生产部门。农业是人类社会赖以生存的基本生活资料的来源,国民经济其他部门发展的规模和速度,都要受到农业生产力发展水平和农业劳动生产率高低的制约,农业是国民经济发展的基础和保障。狭义的农业一般指种植业或农作物栽培业,它是通过栽培作物取得产品的生产部门,包括粮食作物、经济作物、饲料作物、绿肥作物及蔬菜、果树、花卉等园艺作物的生产。种植业是取得生活资料的重要来源,是农业内部其他部门发展的基础,目前种植业在我国农业总产值中所占的比重为30%~50%。它除了为人类提供植物性食品外,还为畜牧业提供饲料,为农产品加工提供原料。广义的农业还包括林业、畜牧业、副业和渔业等。

由于农业生产的重要性和特殊性,人们也将农产品和农业生产资料的加工、流通看作农业的延伸或者农业产业链的延长。此外,由于农村社区的经济、社会和文化生活密切相关,人们在认识和分析农业问题时不仅涉及生产技术和经济问题,往往还涉及农民和农村的社会、政治和文化等方面的问题。因此,农业在不同场合可能具有不同的含义,有时仅仅指植物生产,有时则不仅包括农业生产所涉及的生物学和技术、经济问题,而且包括更广泛的政治、社会和文化问题。

二、农业生产的本质与基本特征

(一) 农业生产的本质

农业生产与其他部门的生产一样,也是一种经济再生产过程。生产者在特定的社会中结成一定的生产关系,借助一定的生产工具对劳动对象进行具体的生产活动以获得所需要的农产品。这些农产品首先可以供生产者自己消费,过剩的可以作为生产资料进入下一个农业生产过程,还可以通过交换换取生产者所需要的其他消费品或生产资料。经过交换的农产品可能有一部分进入消费过程,而另一部分则可能进入下一个农业生产过程,或进入其他生产领域。农业生产者利用自己生产的农产品以及通过其他生活和生产资料,不仅可以维持自身的生存,还可以不断进入下一个生产过程,使农业生产周而复始地持续下去。

同时,农业生产与其他部门的生产有着本质的区别。农业生产是利用生物有机体生长发育过程所进行的生产,是生命物质的再生产过程,因而也是有机体的自然再生产过程。在这一过程中,绿色植物从环境中获得二氧化碳、水和矿物质,通过光合作用将它们转化为有机物质供自身生长、繁殖。在这一过程中,家畜和鱼类以植物(或动物)产品为食物,通过消化合成作用将其转化为自身所需的物质以维持自身的生长、繁殖。这一过程同时将植物性产品转化成动物性产品。动植物的残体和排泄物进入土壤和水体中,经过微生物还原,再次成为植物生长发育的养料来源,重新进入动植物再生产的循环过程。显然,动植物的自然再生产过程有自身的客观规律,其发展严格遵循自然界生命运动的规律。

因此,农业生产最根本的特征就是经济再生产过程与自然再生产过程的有机交织。单纯的自然再生产过程是生物有机体与自然环境之间的物质、能量交换过程。如果没有人类的劳动与之相结合,它就是自然界自身的生态循环过程,而不是农业生产。作为经济再生产过程,农业生产是人类有意识地干预自然再生产过程,通过劳动改变动植物生长发育的过程和条件,借以获得自己所需要的动植物产品的生产过程。因此,这种对自然再生产过程的干预必须符合生物生长发育的自然规律,同时必须符合社会经济再生产的客观规律。

(二) 农业生产的基本特征

1. 土地的不可替代性

土地是农业生产中不可替代的最基本的生产资料。在其他的生产过程中,土地仅仅是劳动场所。但在农业生产中,土地不仅是劳动场所,还是提供动植物生长发育所必需的水分和养料的主要来源,是动植物生长发育的重要环境条件。因此,土地的数量、质量和位置都是农业生产的重要制约因素。

与其他生产资料不一样,自然界中土地的数量是有限的。土地在地球上的位置决定了当地的温、光、水、热、气等动植物生长的自然条件,因而也在相当程度上决定了当地农业生产的类型、方式和技术。土地的质量一方面取决于所在位置,另一方面取决于土壤长期演化过程中形成的理化性状。我们尽管可能通过适当的水利工程、农业设施和耕作、栽培、新技术,在一定程度上改变土地的质量,但是我们无法随心所欲地改变这一切,任何措施都会花费相当大的代价。正因为农业生产中土地的特殊重要性,中国将保护耕地作为基本国策之一,要求全国各地、各部门在经济建设过程中保障基本农田用地,同时尽力提高土地的生产力。

2. 自然环境的强大影响

农业生产离不开自然环境的影响,现有动植物的生长发育特点主要是长期自然选择的结果,其生命活动对自然环境的反作用几乎可以忽略不计。成功的人工选择和其他人为措施只有适应自然环境,才能在有限范围内改变局部小环境。自然环境的影响首先表现为农业生产的地域性。各地区具有不同的气候、地形、土壤和植被等自然条件,从而形成了各地独特的农业生产类型、品种、耕作制度和栽培管理技术,因此农业生产具有强烈的区域化趋势,从而构成了作物生产的地域性。如果有效利用自然环境的影响,因地制宜地进行农业生产的布局,建立合理的农业区域生产结构,通过发展社会主义市场经济,在各地区间交换农产品,就可以充分合理地利用各地区的自然资源加快农业生产的发展速度,增加农产品的有效供应。反之,若无视自然环境的影响,人为地片面追求各地区农产品生产消费的自给自足,就不可能充分利用有限的自然资源,就会减缓农业生产的发展速度,减少农业产品的供应。

3. 农业生产的季节性与连续性

作物生产紧密依赖于自然条件,因为一年四季光、热、水等自然资源状况的不同,所以作物生产不可避免地受到季节的强烈影响。生产中必须合理把握农时季节,使作物的高效生长期与最佳环境条件同步。同时作物生产的每一个周期内,各个环节之间相互联系、互不分离;前者是后者的基础,后者是前者的延续。农业生产是一个长期的周年性社会产业。上一茬作物与下一茬作物,上一年生产与下一年生产,上一个生产周期与下一个生产周期的交替,都是紧密相连和互相制约的。

4. 农业生产的复杂性

作物生产是一个有序列、有结构的复杂系统,受自然因素和人为管理多种因素的影响和制约。它是由各个生产与技术环节组成的,既是一个大的复杂系统,又是一个统一的整体。因此,生产上必须采取综合措施以达到高产、优质、高效。

（三）农业生产的地位与作用

农业是国民经济的基础,其中作物生产是农业生产的基础。农业生产的地位与作用主要表现在以下几个方面:

1. 人民生活资料的重要来源

农业生产是人类生存之本、衣食之源。我国是世界第一人口大国,解决吃饭问题是头等大事,人民生活中所消费的粮食、水果、蔬菜几乎全部由作物生产提供。穿衣在人民基本消费方面也占有重要的地位。目前,我国服装原料的80%来自作物生产,合成纤维仅占20%左右。同时,种植业是养殖业发展的基础,是养殖业饲料的主要来源,因此离开种植业,肉、蛋、奶等畜产品的供给也将受到严重制约。

2. 工业原料的重要来源

农产品为工业生产提供了重要的原材料。目前,我国约40%的工业原料、70%的轻工业原料来源于农业生产。随着我国工业的发展和人民消费结构的变化,以农产品为原料的工业产值在工业产值中的比重会有所下降,但有些轻工业,如制糖、卷烟、造纸、食品等的原料只能来源于农业,且主要来自种植业,所以农产品在我国工业原料中占有较大比例的局面短期内不会改变。可以预计,在今后相当长的时期内,我国轻工业的发展仍然受制于农业生产,特别是经济作物的生产状况。因此,发展种植业必将推动我国工业和轻工业的发展,后者的发展也将促进作物生产业的进步与革新。

3. 出口创汇的重要物资

目前,我国工业与世界先进水平还有相当大的差距,在世界市场上的竞争力还较弱,而农副产品及其加工产品在国家总出口额中占有较大的比重,是出口物资的重要来源之一。可见,作物生产在农业增效和农民增收方面起着主要作用。

第二节　农业的发展历程

农业的起源与发展经历了漫长的过程,据考古研究,人类的出现已有300

多万年的历史。人类的农业生产,经历了原始农业、传统农业、现代农业三个发展阶段。农业科学技术的产生和发展,从一开始就是由农业生产决定的。因此,农业科学技术的推进与农业生产的发展历史紧密相连。

一、原始农业

原始农业的萌芽时期长达数十万年,但截至目前考古的发现,真正意义上的农业时期,则起源于 4 000 到 1 万年前,被考古学家称为新石器时代,这个时代的先人开创了农业,进入原始农业时期。黄河流域与长江流域是农业起源较早的地区,生产工具为石斧、石刀、石铲、石镰等,种植业采取刀耕火种,耕作制度为年年易地的生荒耕作制及后期的熟荒耕制。栽培的作物北方是耐旱早熟的粟(谷子)、黍、麦、麻、瓠,南方为稻。

夏、商、西周三代是中国的奴隶社会时代,为原始农业的后期,农业生产十分粗放。生产工具以木、石、骨材等为主,已有青铜农具出现,耒耜是该时代普遍使用的耕具。耕作制度为轮荒制,通行“菑”、“新”、“畲”轮荒制。“菑”即撂荒地,“新”即垦后第一年的地,“畲”即垦后第二年的地。该时代通行井田制,在井田中采行畎亩法。

原始农业经历了刀耕和锄耕两个时期,历时达六七千年之久。它的突出成就就是对野生动植物的驯化,今天常见的主要作物和家畜大多在 4 000 年以前就已基本完成驯化过程。从原始农业的发展过程可以看出,农业的起源不限于一时一地。西亚、北非、中国、印度及中美洲等地古老文明的出现,最初都同农业的发生直接有关。在原始农业阶段的初期,采集及渔猎活动仍占较大的比重,但随着劳动工具和生产技术的进步,采集及渔猎业所占比重日趋下降,原始种植业和畜牧业所占比重逐渐上升。

二、传统农业

传统农业是使用铁、木农具,利用人力、畜力、水力、风力和自然肥料,凭借直接经验从事生产活动。这一时期农业主要是在生产过程中通过积累经验的方式来传承应用并有所发展的。由原始农业进入传统农业的过程,在西方是从奴隶制的希腊、罗马开始的,在中国则发端于从奴隶社会过渡到封建社会的时候。

由于传统农业开始使用铁犁牛耕,便于深耕细作,农业生产出现了一次飞跃。在土地利用方式上,欧洲国家为了便于农牧结合和恢复地力,实行休闲、轮作中包括放牧地的二圃制和三圃制;在中国则是在废除撂荒制以后走上了土地连种制的道路,实行精耕细作,种植业和养畜业进一步分离。古代东西方农业虽有这些不同点,但在整个国民经济中,农业都是最主要的经济部门。

我国农业史上精耕细作的形成,大约在秦汉时期,此时,农业技术有了很大发展。推广牛耕和发展铁农具,关中灌区已有一定的规模,新疆坎儿井也出现了。作物种类的变化特别是冬麦的推广,对农作制的发展有着重大的影响。

秦汉时期,创造了基肥、种肥和追肥的施肥技术。汉使张骞从西域引进苜蓿在宁夏和甘肃推广,是畜牧业中的重大事件之一。该时期的农学家有汜胜之、崔实。汜胜之著有《汜胜之书》,崔实著有《四民月令》。

三国两晋南北朝时期,钢铁冶炼业发展迅速,铁农具种类大大增加。耙、犁、耱农具广为推广。轮作、复种已出现,并提出绿肥为“美田之法”。耕、耙、耱旱作技术体系初步形成。这期间,种子田已建立并进行良种繁育。贾思勰所著的著名农书《齐民要术》出现在该时期,其许多农学思想至今还为后人所引用。隋唐五代时期,北方农业因战乱发展缓慢,南方农业发展迅速,主要在农田水利建设方面成效显著。

宋、元时期,北方农业基本处于停滞状况,南方农业水平已远远超过北方。该时期农业著作空前增多,著名的有陈旉《农书》、王祯《农书》。该时期井灌农业开始推广,梯田、淤地不断扩大。同时,有关肥料理论与技术方面有重大突破,创立了“地力常新”论。

明清时期关中地区普遍重视苜蓿种植,实行粮-草-畜三结合。对于盐碱地,“宜先种苜蓿”,“四年后犁去其根,改种五谷蔬果,无不发矣”。这个阶段,施肥技术显著提高,全国小型农田水利工程较为普及。轮作复种和间作套种形式丰富多彩,土壤耕作技术有较大发展,并从国外引进了玉米、甘薯、马铃薯、花生、烟草和甜菜等多种作物,对我国农业产生了极其重要的影响。该时期的农书有徐光启的《农政全书》和杨屾的《知本提纲》。

18 世纪中期,随着资本主义在西方的兴起,传统农业开始向现代农业过渡。

三、现代农业

20 世纪开始,随着人口、经济、科学技术与农业本身的发展,发达国家开始建设并进入现代农业时期。现代农业是继原始农业、传统农业之后的一个农业发展新阶段。从世界范围看,传统农业向现代农业的转变,是在封建土地制度废除、资本主义商品经济和现代工业有了较大发展的基础上逐步实现的。

18 世纪蒸汽机的发明,推动了产业革命,也推动了农业的技术改造。特别是第二次世界大战以后,现代农业的进程加快。生产工具从机械化发展到电气化、自动化,同时使用大量的化肥、农药、除草剂。人类可掌握的技巧主要不是靠经验,而是靠生产要素的改善和现代的科学技术,概括起来就是农业的机械化、科学化、社会化。工业化现代农业,规模大,机械操作能耗大,劳动生产率高,生产专业化,同时出现了资源环境破坏等严重问题,因而产生了更科学的现代农业的路子。

经过 18 世纪的农业革命,到 19 世纪 40 年代以后,欧洲、北美洲开始告别千年的传统农业。从 19 世纪 40 年代到 20 世纪初是传统农业向工业化农业的过渡时期。表现在半机械化农具的推广,蒸汽机在农业上的使用,利用自然矿物肥料和试制人工肥料。这个时期可以美国的第一次农业机械发明热潮为标志。19 世纪三四十年代有许多发明家,大多数是铁匠和农民,他们迫于劳动力不足而争相发明新的机器。这些农业机械不管发明得早晚,推广的时间都在 19 世纪四五十年代。20 世纪初到 50 年代是工业化农业的确立时期。这可以从四个方面加以说明:一是拖拉机和配套农具的使用;二是生产人造肥料、农药(杀虫剂、杀菌剂、除草剂)等化学工业的建立;三是形成了农业科学的体系;四是农业的商品化、专业化程度明显提高。

和传统农业比较,现代农业从传统农业的以畜力为主到以机械为主,由手工工具到使用大机器,完成了农业机械化,并向联合作业和自动控制方面发展;劳动生产率、土地利用率不断提高;由传统农业的劳力集约型生产转向机械、能源与科学技术的密集投放;从传统的大量施用有机肥料到大量施用化学肥料;在经营方面由传统的小而全发展为大规模专业化生产。中国现阶段处于传统农业向现代农业的过渡阶段。

第三节　中国农业技术发展的现状与方向

在农业科技领域,中国不断缩小与发达国家的差距,科技进步对中国农业的贡献率已由 1949 年的 20% 上升到现在的 48%。农业科技部门在生物技术、高新技术、基础研究方面均取得较大进展,主要农作物品种更新换代明显加快。与此同时,新型栽培技术与管理策略,如地膜覆盖、节水灌溉、水稻旱育稀植、新型农机具、高效无公害农药、配方施肥等先进技术在农业生产中得到广泛应用。2012 年中国粮食作物单产已由 1950 年的 1.16 吨/公顷①提高到 5.30 吨/公顷。

---

① 1 公顷 = 10 000 平方米。

一、农业技术发展现状

（一）作物品种改良

1949年以来,我国育成40多种作物新品种共计5 000个以上,粮食作物已经进行过四次以上良种更替,每次更换一般可增产10%左右,高的可达20%以上。进入21世纪以来,我国优良品种的覆盖率一般都在90%以上,而且品种更新换代的周期已缩短到3~5年。优良品种的选育途径,包括引种、系统育种、杂交育种、杂种优势利用、诱变育种、远缘杂交和生物技术等,在不同时期为作物品种改良做出了显著贡献。植物细胞和组织培养、花药培养、单倍体育种及其应用研究处于国际领先地位。两系法杂交水稻、杂交玉米育种已达到或接近世界先进水平。

（二）作物栽培技术

1949年我国作物生产的复种指数为128%,目前已达155%。北方的黄淮海地区,改一年一熟为两年三熟,南方改单季稻为双季稻或稻、麦两熟。华北一熟有余、两熟不足地区进一步发展了间、套、复种,多熟制种植方式日趋多样化,种植方式从粮食作物的间、套作发展到粮、经、饲、菜等多元多熟的复合种植模式。栽培技术主要围绕作物高产优质开展研究,并大面积推广了育苗移栽技术、合理密植技术、土壤耕作技术、覆盖栽培技术、配方施肥技术等。目前,对保护性耕作技术、信息农业、精准农业、循环农业及可持续农业发展等技术开展深入研究,并不断开始示范与推广。

（三）作物保护技术

作物保护技术由过去的以农艺措施为主(包括轮作倒茬、耕作和人工防治等)逐步过渡到化学药物防治,且广泛研究与应用无公害农药和生物防治技术。病虫测报对象从20世纪50年代的几种增加到目前的50种以上,对重大迁飞性害虫还建立了异地测报网。目前,一些重大病虫害如蝗虫、锈病、螟虫等已基本得到控制。近年来,由于除草剂的大面积推广,杂草危害程度显著减轻。

（四）作物生产环境调控技术

精准农业及高效节水技术,如节水灌溉技术、抗旱集水种植技术的推广与应用,有效地降低了干旱造成的作物产量损失,灌溉水和降水利用率提高30%以上;盐碱地改良与土壤培肥技术的大面积推广使作物产量大幅度提高,增幅达每公顷750~1 500千克;在中低产田改造及水土流失治理方面取得了显著成效,改造面积近1 000万公顷,防沙、治沙工作的深入推进为农业生产创造了良好环境。

（五）家畜繁育技术

我国畜禽遗传育种研究起步晚,但进展快。先后开展了数量遗传学、群体遗传学、遗传标记、细胞遗传学和分子遗传学研究并取得了很多成果。近些年,杂交育种技术的应用推进了畜禽优良品种的形成和生产。人工授精技术、发情控制技术、体外授精技术、胚胎移植技术、无性繁殖技术及其他相关的生物技术也被应用于家畜繁殖,极大地推动了家畜的繁育进程。现已先后培育出了数十个猪、牛、羊、鸡、鸭等新品种及品种群,特别是瘦肉型猪、中国黑白花奶牛、优质黄羽肉鸡以及现代配套杂交猪、鸡等。

（六）农业机械化不断提高

农业机械化是农业现代化的重要组成部分,是先进适用的农业技术大面积推广的重要载体,农业机械化技术的应用推动了农业技术进步,为农业高效、优质、高产和可持续发展做出了重大贡献。新中国成立60多年来,我国农业机械化水平得到了大幅提高。新中国成立初期,我国农业机械化装备总动力仅为8 101万千瓦,大型农业机械如联合收割机等领域基本上都是空白。到2003年,全国农业机械总动力已达到6亿千瓦以上,农机化水平达到32%。截至2014年年底,全国农业机械总动力达10.76亿千瓦,农机化水平达到61%以上,全年累计完成深松整地作业面积1.5亿亩。[①]

（七）农业结构不断优化

改革开放以来,我国的农业结构在不断调整中得到优化。改革之初,我国突破了"以粮为纲"的方针政策,粮食作物、经济作物和其他作物发展趋于协调,农、林、牧、渔各业得到了全面发展。随着社会主义市场经济体制的建立,农业结构战略性调整不断深入,以市场为导向的农业生产结构不断优化,农业综合生产能力不断提高。统计资料显示,2012年农业增加值占国内生产总值的比重为10.1%,比1998年下降了7.5个百分点。与2000年相比,2012年粮食的播种面积占农作物总播种面积的比例由70.6%下降到67.7%,蔬菜的播种面积由9.9%增加到12.4%。

（八）农业信息化水平不断提高

随着中国现代农业信息化之路的发展,信息技术在农业生产、经营、管理、服务等各领域的应用日渐深入,对农业产业发展的支撑作用日益凸显。近年来,物联网试点示范工作不断推进,物联网已经在黑龙江农垦、北京大兴、江苏无锡等地的涉农各个领域应用示范;2012年阿里平台完成了农产品交易额198.6亿

---

① 1亩=666.67平方米。

元人民币,同比增长 75%。农业部门已经建成了 14 个涉及农业生产进度、农产品价格及贸易等方面的大型数据系统,建设了与农业政策法规、农村经济统计、农业科技与人才等相关的 60 多个行业数据库。覆盖省、地、县各个层级的全国 12316 农业信息服务平台体系已经被构建,其将为广大农民提供及时、准确、有效的信息服务。

二、农业技术发展方向

（一）作物高产高效

耕地是决定粮食供给的基础。我国人多地少,并且随着人口增长,经济社会发展以及工业化、城市化的逐步推进,今后一个相当长的时期内我国将继续面临较大的耕地占用压力,加上保持生态环境退耕的需要,耕地减少的趋势难以避免。因此,今后作物生产的中心任务仍是通过科技进步来提高耕地的生产力,围绕作物高产高效开展农业技术攻关研究,包括良种选育及高效栽培技术等方面的研究。

（二）农业可持续发展

农业可持续发展是人类可持续发展的基石,对于农业,可持续性是指在维持资源基础的同时确保农业生产的持续增长能力。今后的农作物生产必须建立在可持续发展的基础上,在提高产量的同时,要保护、改善和合理利用农业环境和资源。未来的作物生产日益注重人类、生物、环境的协调发展,可持续生产技术要求对病、虫、杂草进行综合管理,并通过生物农药替代传统的化学农药,或推广低毒、高效农药,避免农药污染;通过有机肥与无机肥的配施,减少有机化肥污染,生产清洁、安全的食品。

（三）抗灾减灾技术

灾害性天气对作物生长的影响作用依然很大,我国农业生产仍然是"靠天吃饭",气候条件对粮食及其他农作物生产依然具有举足轻重的作用。我国气候的基本特征是降水地区分布极不均衡,年际降水变化大,旱涝等灾害性天气频繁。因此,抗灾减灾农业技术的研究有着十分重要的地位,包括节水灌溉、抗旱栽培、抗逆品种选育、农田改良等技术。

（四）农产品营养安全

国际上关于农产品安全的认识正在发生变化,从单纯注重饮食能量安全转向能量安全和营养安全的结合。20 世纪 90 年代初,一些营养学家发现,在以往作物品种改良中没有同步改善营养价值,致使许多品种产量很高,但质量很低,致使世界上 40% 以上的人口已受到营养元素缺乏的影响。同时,农产品遭受环境污染使其品质劣化等问题越来越严重。因此,如何实现农产品营养安全是农业技术研究的一个重点。

(五)现代农业高新技术

当今世界新技术革命发展迅速,一场以高新技术为中心的科技革命正在全球蓬勃兴起,并推动着传统产业的变革和社会经济的发展。20世纪90年代以来,作物高新技术的快速发展和应用,显著提高了作物生产的综合效益和生产水平。农业高新技术是指能广泛应用于农业领域的,对区域农业经济发展和农业科技进步产生深刻影响和起到重大推动作用的技术。农业高新技术从产业角度涉及种植业、林业、畜牧业、水产业、农产品加工业等领域,主要包括:生物技术;农业信息技术;设施农业技术;节水栽培技术;核技术;现代农业机械化技术;农产品精加工保鲜技术;精准农业技术;新能源新材料技术;以生态农业为主的特色农业技术。以上也可以概括为四大类:农业生物高新工程技术;现代农业信息技术;现代农业资源与环境技术和现代农业管理高新技术。

(六)农业新能源开发

当前,我国农村多以传统能源为主,利用率低、排放高、方便性差,严重影响农村的环境卫生,制约农村现代化建设目标的实现。因此,现代化新农村建设必须改变现有的农村能源利用方式,综合利用农村物质资源,以达到实现农村地区可持续发展的目的。发展农业新能源已经成为实现该目标的一个重要途径。生物质能源利用可以采用固化、物化转换和生化转换等方式生成新的能源而被利用,新能源不仅能改善生态环境,还可以缓解我国能源的短缺。

(七)不同类型区农业配套技术发展

当今我国农业技术发展较快,但总体效果不高,这主要是因为相关的农业技术不能根据特定的对象进行优化组合,而达到最佳的技术效果。因此,针对全国不同的区域,从理论、方法、实践上提出不同类型区综合治理和综合发展的多种模式和配套技术,形成一系列治理低产因素的有效技术措施是我国农业今后发展的一个重要方向。

(八)农业产业化

在我国,健全的农业产业体系还没有形成,大量的农业资源得不到充分利用,生产、加工和销售不能很好地衔接。农业产业化就是在更大范围内和更高层次上实现农业资源的优化配置和生产要素的重新组合,其本质是通过建立与市场经济相适应的农业产业体系,使中国的农业资源得到优化配置和合理利用,产生最佳的经济效益,在产业发展、农民富裕的同时推动国民经济的高速发展。农业产业化的特点是能够把第一产业和第二、第三产业有机联系起来,把生产领域和交换领域密切联系起来,把资源利用和市场需求联系起来,同时在农业产业内部建立起合理的分工体系。因此,健全农业产业化与社会化服务体系,强化产业联系,扩大适度规模经营,既是实现中国农业"两个根本性转变"的关键措施,也是协调解决中国农户"小生产"与"大市场"矛盾,突破现阶段农业发展所面临资源与市场双重约束的根本途径和方向。

(九)农业智能化

大规模的现代农业依赖于智能化的技术。农业智能化在国外发达国家已经相当普及,并达到了相当高的水准。我国则相对落后,处于一个刚起步的阶段。我国农业人口多,人均资源占有量少,生产经营分散,生产成本高,农产品特别是粮食整体质量差,从业人员素质低。因此,要提高农业的发展水平,满足人们对粮食的需求,现代农业的智能化发展是其一个重要的发展方向。高科技的现代农业智能化包含了育种育苗、植物栽种管理、土壤及环境管理、农业科技设施等多个方面实施程序化和计算机软件的参与。农业的高科技电子智能控制设备,在我国农业战线基本是一个空白。而国外的产品价格极为昂贵,且难保证安全适用。因此,发展我国的智能化农业对促进农业产量提高、品质提升、成本下降都有积极意义。

 复习思考题

1. 什么是农业?
2. 农业具有哪些基本特征?简述发展历程。
3. 试阐述我国农业技术发展的现状及方向。

 即测即评

扫描二维码,做单项选择题,检验对本章内容的掌握程度。

参考文献

［1］贾志宽.农学概论.北京:中国农业出版社,2010.

［2］王辉.农学概论.徐州:中国矿业大学出版社,2009.

［3］杨文钰.农学概论.北京:中国农业出版社,2008.

［4］国文韬.中国农业科技发展史略.北京:中国科学技术出版社,1998.

［5］朱新民.农学概论.北京:中国科学技术出版社,1991.

［6］高强,孔祥智.中国农业结构调整的总体估价与趋势判断.改革,2014
(1).

第二章　农业的起源与发展

本章学习目标

1. 掌握农业的起源；
2. 了解中国农业发展简史；
3. 了解中国古代农业的发展及其特点；
4. 了解世界农业发展简史。

导　读

　　农业是人类社会最基本也是最古老的物质生产部门，它是人类社会发展的基础。学习农业的起源，对于了解农业的发展历程、深入理解农业的内涵，具有十分重要的意义。中国古代的农业生产活动历史悠久，其长期积淀形成了灿烂的农作文化。"粮安天下"，一部中华史，王朝的更替总是伴随着农业的兴衰。

熟知中国农业的发展历程,理解中国农业的发展特点,能够更加深入地探知中国历史的发展进程。除中国外,世界其他各国形成了具有各自特色的农业发展历程,探讨世界农业的发展过程,了解原始农业、古代农业、近代农业、现代农业各自的特点及其联系,有助于更好地探讨农业的发展方向,分析农业发展中遇到的问题,从而更好地解决这些问题,促进农业的可持续发展。

第一节 农业的起源

根据古人类学家的研究,人类的历史可以追溯到 300 万年以前,而农耕的历史大约只有 1 万年。在出现农耕以前数百万年的漫长岁月里,人类的祖先依赖采集和渔猎为生。在采集和渔猎过程中,人类逐渐学会了用人工的方法改善野生动物的生长环境或者模仿自然的生长过程以增加采集物的数量。以后又进一步学会了人工驯化野生动植物并加以饲养和种植,从而逐渐掌握了畜牧和农耕技术,原始农业因而产生、发展。

一、采集和渔猎

采集和渔猎可以说是人类祖先从古猿继承而来的本能。他们起初只能采集现成的果实和种子,或者使用木棒、石块等简单工具挖掘植物的块茎、块根。他们也捕鱼或捕捉一些小动物,或者捡拾凶猛动物吃剩的动物残体。随着岁月的流逝,人类的祖先逐渐认识到哪些动植物好吃,哪些不好吃,哪些不能吃,并且逐渐了解到在什么季节、什么地点可以采集到什么植物或捕捉到什么动物。这种认识使他们在采集和渔猎过程中,逐渐掌握了一定的主动权和计划性,增加了采集和渔猎的数量,也积累了对动植物生长、繁殖过程及其与自然条件之间相互关系的认识,为农耕和畜牧的出现准备了条件。

采集和渔猎数量的增加为人口的增加准备了必要的条件。随着人类数量的增加、劳动的分工和知识的积累,人类活动的范围逐渐扩大,劳动生产力也逐渐提高。他们不但学会了制造石刀、石矛、弓箭等较先进的捕猎工具,学会了使用网索和挖掘陷坑来捕捉野生动物,而且在森林雷击火灾的启发下学会了"火林狩猎",即通过焚烧森林来大规模地猎杀野生动物。

采集和渔猎效率的大幅度提高具有双重效应。一方面,它促使原始社会不断发展;另一方面,在超出自然界再生速度以后使得人类祖先面临食物不足的生存危机。第四纪冰川时期的气候变化导致大量动植物的死亡和变异,更加重了这一危机。在这种情况下,人类的祖先必须寻找新的生存手段,原始农业随之产生。

二、农耕与畜牧

以农耕为主要特征的原始农业出现在1万年以前。人类祖先通过对自然过程的模仿,在采集和加工采集物之前增加了播种这一环节,揭开了原始农业的序幕。在最初阶段,人类可能简单地将作物种子撒在地面上,听任其自然生长。这期间,既不利用工具对土地进行耕作,也不施肥、中耕。尽管这一步看上去微不足道,但它却是以后一系列进步的起点,可以看做原始农业的萌芽阶段。

在对自然过程的反复模仿中,人类逐渐改善了农业生产的工具和技术,从而进入刀耕火种时期,即原始农业的发生期。在这一时期,人类以磨制石器为主要工具,采用刀耕火种和撂荒耕作的方法,通过简单协作的集体劳动来从事农业生产。由于农业生产技术水平低下,产量低而不稳,采集和渔猎仍然是人类谋生的主要辅助手段。

随着锄等翻土工具的出现,人们可以通过翻耕土地清除杂草并使土壤疏松、熟化。同一块土地上可以连续几年种植农作物。由于不施肥,没有新的氧分增加到土壤中去,连续耕作几年以后,地力必然衰退,农作物的产量必然下降。因此,每隔几年仍要休耕一段时间以恢复地力。

犁耕的出现,不仅大大提高了土地生产力,而且使人类可以相对长时间地定居下来。种植业的发展和人类的定居无疑促进了畜牧业的兴起和扩大。中国的家畜以猪为首,其发展更依赖于人类的定居和种植业的发展,这一点已为考古的结果所证实。同时,较长时间的定居产生了比较固定的村落,不仅导致制陶业的出现和发展,而且为今后其他手工业的出现和发展,以及人类社会文化的发展准备了必要的条件。

第二节　中国农业发展简史

中国古代的农业生产活动历史悠久,从粮食品种到土地开垦,从生产工具到耕作技术,从农学理念到农学实践,长期积淀形成了灿烂的农作文化,影响并指导着历朝历代的农业生产活动,促进了农业生产能力的提升。

一、中国农业的起源

中国农业有着悠久的历史。农业起源于没有文字记载的远古时代,它发生于原始采集狩猎经济的母体之中。现代考古学为我们了解农业的起源和原始农业的状况提供了丰富的新资料。目前,已经发现了成千上万的新石器时代原始农业的遗址,它们遍布在从岭南到漠北、从东海之滨到青藏高原的辽阔大地上,其中黄河流域和长江流域最为密集。著名的有距今七八千年的河南新郑裴李岗和河北武安磁山以粟为主的农业聚落,距今 7 000 年左右的浙江余姚河姆渡以种稻为主的农业聚落,以及稍后的陕西西安半坡遗址等。近年又在湖南澧县彭头山、道县玉蟾岩、江西万年仙人洞和吊桶岩等地发现距今上万年的栽培稻遗址。由此可见,我国农业可以追溯到 1 万年以前,七八千年以前,原始农业已经相当发达了。

由于幅员辽阔、地理条件复杂不一,中国不同地区的原始农业起源发展形成了不同的特点。大体来说,我国原始农业的布局可分为 4 种类型:一是东南滨海地区,原始农业虽然产生很早,但是采猎经济占有很大比重,因而这一地区的原始农业呈现出了长期停滞不前的缓慢发展状态;二是长城以北和西部地区,狩猎经济比较发达,原始农业表现得异常薄弱,相反,原始游牧经济却得到了产生和发展;三是黄河流域,原始农业经济表现得极为发达,是一个从新石器时代早期开始,就以种植粟、黍等类旱作物为主的旱地农业区;四是长江流域,原始农业经济表现得极为发达,是一个以种植水稻作物为主的水田农业区。

二、中国古代农业发展及其特点

在中国,粮食生产是农业生产的主要组成部分。由于农区不断开发,粮食面积不断扩大,以及农业生产技术的精细化和水利技术的不断发展,加之政府对农业的重视,古代粮食生产能力得以不断提升,创造了灿烂的中国农业文明史。总结中国古代农业生产不断提升的要素,有以下几点:

(一)农区拓展,粮田扩展

古代粮食生产的动力主要源于人口的不断激增。据估计,西汉以来中国人口长期维持在 5 000 万~6 000 万的水平,入清后增加到 2 亿的水平并持续递增,1800 年左右达到 3 亿,1840 年达到并超过 4 亿,1900 年达到 4.6 亿。因此,如何解决人口温饱问题一直是我国古代政府关注的对象,因此古代中国一直强调"粮安天下"。在解决粮食问题的方法中最突出的就是粮田面积的扩大。从汉代到清代,中国的耕地面积由 5.72 亿亩①增加到 16 亿亩。粮田扩展的方式主要包括移民实边、重心南移、与山争地、与水争田等。

(二)技术进步,领先于世

中国农业技术在传统时代领先于世,突出表现在单位面积粮食产量长期居

---

① 汉代 1 亩约为 660 平方米,清代 1 亩约为 614.7 平方米。

于世界领先水平,具体体现在对农田的精耕细作上,比如施肥技术、选种技术、耕作技术和农具应用技术等。它的发展进步和改良进一步提升了粮食的生产能力。其中主要包括有机施肥、生物养田,选种育种、引进新种,农具创新、精耕细作,耕作轮作、多样发展等特点。

(三)治水改土,改善条件

水是农业的命脉。世界古老文明中的原始农业,无一不是借灌溉之利而发展起来的。历史上我国大部分地区受季风的影响,年降雨量分布不匀,旱涝现象频仍,因此需要因地制宜地发展农田水利、实施人工灌溉来保证粮食生产。我国改土治水主要有渠系引水工程、陂塘灌溉工程、塘浦圩田排水系统、海塘防水工程、凿井灌田工程等。

(四)重农思想,农政推行

1. 推行农本政策

在古代,判断一个国家是否强大的基本标准是粮食占有量,封建帝国的统治者们历来都有重农思想。这是因为农业是整个古代世界的决定性生产部门,食物生产是直接生产者的生存和一切生产的首要条件。在粮食生产领域内,历代统治者都提倡以农为本的思想和政策,重农思想成为古代社会发展经济、治国安邦的选择。

2. 实施合理政策

实施合理的土地和赋税政策有利于粮食生产和安全,对稳定社会和国家起到重要作用。中国古代各朝各代的土地政策不尽相同,先秦时期实行井田制,"方里而井,井九百亩",九百亩地分成九块,中间为公田,余下为私田,种私田者交纳实际收获量的1/10。秦代实行"令黔首自实田"的土地政策,承认土地私有制,但种田者要交纳1/3的田赋。汉时同样承认土地私有制,但两汉实行轻税政策,初期征收1/15的田租,后征收1/30的田税。隋唐时期实行均田制,授田农民除了交纳租粮之外,还要交纳调和出庸。宋代土地分官田和私田两类,私田多为地主所有,同时继承唐后期和五代时的两税法,租种不同类型的土地田赋不同。明代朱元璋立国之初,沿用宋代的两税法,赋税十取其一。田赋收取按田地归属计算,数量不一。清代田制与田赋前后期不同,总地来说,前期较轻,后期几倍于前期。

3. 重视仓储建设

古人认为仓储是天下之大命。在安定人心、抵御灾荒、平抑粮价、调节丰歉、恢复生产和繁荣经济等方面起着举足轻重的作用,是封建财政后备的重要内容和封建国家赖以存在的物质基础。对此,封建社会对粮食仓储给予足够的重视且不遗余力地进行建设。从周代开始,历代封建王朝不仅重视中央仓储的建设,也注重地方仓储的发展,从中央到地方都兴建了规模不等、层次多样的仓储,此外还设有义仓、社仓和常平仓。为了保护脆弱的农村经济,恢复农业生产的生机和活力,政府要采取各种救助措施,保证粮库中有足够的粮食库存量以备国家不时之需。

三、中国古代粮食生产的历史启示

我国自古就是一个以农立国的国家,长久以来,人们一直遵循"国以民为本,民以食为天"的古训。历史时期粮食生产面积不断扩大,粮食产量不断增加,粮食生产能力不断提升。这些成就得益于我国传统农业技术的不断改进、完善和发展。但是还要考虑其是在面临灾害威胁、社会动乱、人口激增的不利因素下取得的。因此回顾粮食生产发展历程,不但要吸取教训,也要借鉴经验,为我国粮食生产能力进一步提升做出贡献。

(一)稳定的环境有利于粮食生产

从我国历代粮食的生产经验来看,稳定的社会环境是粮食增产的重要保障。由历代粮食亩产趋势来看,魏晋时期和宋元时期粮食亩产较前期都有所下降,除气候和人口原因外,主要是这两个时期政权交替频繁,战乱不断,社会处于不稳定状态,农业人口急剧减少,农用畜力严重不足,农田水利遭到严重破坏,土地大量荒芜,极大干扰了粮食的正常生产。因此必须稳定民生,缓和社会矛盾,营造有利的社会环境,以保障农业持续发展。

(二)合理的政策有利于粮食生产

历史上的农田水利工程建设对粮食生产起到助推作用:首先,水利影响了中国农业经济区的形成和转移。其次,水利事业促进了中国某些地区农业耕作栽培制度的发展。农田水利排灌事业的发展,促使低产区成了高产区,极大提高了粮食生产能力。现时我国农田有效灌溉面积所占比例不足47%,排灌设施老化失修、工程不配套、水资源利用率不高,抗御自然灾害的能力差,未从根本上摆脱靠天吃饭的局面。因此持之以恒大兴水利、改善粮食生产条件至关重要。

历史上一些有远见的帝王为了维护其统治地位,无不把农业放在首位。这也是我国自古就是农业大国、经济强国的重要原因之一。除此之外,历代王朝在征发各种徭役时,都注意错开农忙时节,力争不误农时,"民之大事在农"。古代为了保护粮食生产,还规定地方官员的职责之一就是"劝课农桑",帝王也经常巡幸各地,检视风土人情和农业生产情况。此外,古代社会对于粮食的重要性认识和调控机制,更多地反映在粮食仓储方面的有关制度和思想。统治者在粮食生产产量没有较大提高的情况下,依然注重粮食储备,以应对随时出现的粮食危机。因此我们在现阶段,继续坚持农业的基础地位,高度重视粮食安全,充分体现政府在粮食生产提升中无可替代的作用,发展科技,增加投入,充分调动农民种粮的积极性,不断强化和提升粮食生产能力应是国家粮食安全的希望所在。

(三) 加大科技投入,促进粮食生产

我国古代粮食增长的途径之一就是不断地改进农作技术。中国近 2 000 年的传统农业生产中无论是耕作技术,还是生产工具,技术不断改进完善,但最大的进展还是宋代以后在北方确定的旱作农业技术体系,在江南确定的稻作农业技术体系。不但农作物产量得到大大提高,而且进一步影响中国传统社会的转型和变革。因此在现阶段加大科技投入力度,依靠科技,主攻单产。坚持走内涵式发展道路,强化农业科技支撑,加快推广良种良法和先进适用的节水灌溉技术,配套改善农田基础设施及装备条件,充分挖掘增产潜力,着力提高单位面积产量,确保粮食综合生产能力的稳步提升。

第三节　世界农业发展简史

世界农业发展史经历了原始农业、古代农业、近代农业、现代农业等主要阶段。其中任何一个阶段都是前一个阶段综合发展的结果,其生产力水平、生产关系形态、分工协作方式都较以前阶段更为先进,是人类社会整体发展的最重要的、最基本的标志之一。

一、原始农业(石器时代)

(一) 原始农业的初始阶段

远古人类为了维持生存,只有依靠采集和捕捞自然界里现成的动植物果腹,还不能以自己的劳动去增加动植物的产品数量。这时一切的技术进步都是为了寻找到更多的食物。

在旧石器时期,远古人类以粗制的、没有磨制的石器为工具,而且学会了用火,这是该时期的重要特征。人类可以用火烧烤鱼肉和含淀粉植物的块根、块茎,从而拓展了寻找食物的地区,因此,他们在世界的许多地方居住了下来。当代考古学家在世界各大洲都发掘出旧石器这一事实就是证明。在这个时期里,

人类也学会使用粗制的棍棒和标枪,因此出现狩猎,但由于工具极为原始,仅靠狩猎不能捕捉到维持生命最低数量的食物,所以,采集植物和捕鱼是当时人类劳动和生活的主要内容。但是,无论是采集还是渔猎都只是利用自然界现成的动植物,而不是去生产,即增加动植物的产品。

（二）原始农业的发展阶段

该阶段出现在新石器时期。人类学会了打磨制作石器并将石器作为工具,还发明了弓箭,这是该阶段的重要特征。弓箭的发明和使用是当时的重大技术进步,它使打猎成为人类普通的劳动,也使肉食成为人类的日常食物。人类从打猎中发明了驯养动物,从此开始形成原始的畜牧业。他们也懂得了把磨制好的石器缚在棍棒上作为武器和工具使用,懂得了用石器削制木质用具和容器,加上在长期的采集植物过程中找到了适于种植的谷物的籽粒,因此就形成了原始的种植业。

驯养繁殖动物和种植谷物,使新石器时期的人类开始定居生活并形成村落。当代考古学家已在世界各地多处发掘出新石器时期的陶器。这就证明,人类的祖先是在新石器时期开始其定居生活的,因为陶器只有在定居的环境下才能制作。而陶器的制作,又标志着人类文化史上被称为蒙昧时代的结束和野蛮时代的开始。

原始农业的发展阶段,主要出现在南纬 10°到北纬 40°之间的地理气候条件大体相似的几个地区。虽然这几个地区是各自独立地、自发地发展了原始农业,但时间先后相差却达数千年之久。由于驯化的动植物种类不同,特别是后来青铜器和铁器冶炼技术上的差异,使这些地区发展的道路也各不相同。

（三）原始农业的生产技术

原始农业的技术进步首先表现在生产工具上,从粗制的棍棒和石器工具(农具)发展为精心打磨的石制、古制和木制工具(农具),还出现了极少量的青铜制工具(农具)。其次表现在耕作方法上,从只会采集发展到刀耕火种乃至锄耕火种,出现了原始的烧垦制。而铁锄大量制造和使用的普及则说明原始农业已过渡到了古代农业。再次表现在对野生动植物的驯化上,从单纯猎取野生动物、采集野生植物的籽粒,发展到对某些野生动植物进行驯化,使之可以饲养和种植。如现在通常种植的小麦、水稻、玉米和饲养的猪、牛、羊、狗、鸡等都是由人类祖先在原始农业的发展阶段驯化而成的,后世所做的工作只是对驯化出来的动植物进行品种改良而已。所以,对野生动植物的驯化是原始农业对人类社会发展的巨大贡献。最后表现在对农业生产条件的改造上,原始人类从对自然环境的绝对依赖发展到在很小的范围内对自然条件作某些改善(是指有利于农业发展的),如出现了简单的灌溉农业,这说明原始人类开始有了改造农作物生产条件的意识和初步能力。

二、古代农业(从铁制工具大量使用到19世纪中叶)

古代农业是指原始农业和近代农业中间的一个很长的历史时期,大体上相当于奴隶社会至封建社会、殖民地社会时期的农业,通常所讲的"传统农业"与"古代农业"的含义相近。

(一)古代农业的产生

随着炼铁术及铁制工具制作技术的成熟,铁制工具(农具)使用的普及,世界农业发展进入了古代农业阶段。

考古资料表明,公元前2年左右巴比伦人发明炼铁方法,而中国的冶铁技术出现更早,至迟是在春秋中期发明的。生产工具的每一阶段变革都与材料、能源、工艺、控制在技术上的重大发展密切相关。冶铁技术的发明,必然导致铁制农具的出现。这一跃进产生于希腊的荷马时代和中国的春秋时代。还在希腊城邦国家建立的早期,木犁就已装上了铁制的犁铧。由于各地的气候、土质等自然条件存在差异,所用农具也有所不同。罗马使用较轻便的弯辕犁,在阿尔卑斯山以北的地方,则使用有轮的较笨重但适于深耕的反转犁。据文献记载,公元1世纪左右罗马已有大麦、小麦的集穗装置,谷物加工机械也已出现。对出土文物的研究可以证明,中国在春秋战国时有了功能较完善的铁制耕犁,汉代初期,铁犁向形式多样化发展,有铁口犁铧、尖锋双翼犁铧、舌状梯形犁铧等,并且发明了犁壁装置和能够调节耕地深浅的犁箭装置。

如果缺少了新的动力,先进的铁制农具也是无法充分发挥作用的。在欧洲,罗马帝国末期由于奴隶缺乏,促使人们寻找新的动力,但成效甚微,直至公元1000年前后西欧人才广泛使用畜力。在中国,公元前350年已经开始使用牛耕。铁犁牛耕使古代农业的劳动生产率高于原始农业,从而促使人类社会的各个方面发生变革,开始了人类文化史上所谓的野蛮时期向文明时期的过渡。

综上所述,欧洲的古代农业产生于希腊的奴隶社会时期,而中国的古代农业产生于春秋战国时期。

(二)古代农业的生产技术发展

生产工具的进步必然推动农业技术的发展。

首先,耕作制度由原始的烧垦制过渡到既能较充分地利用土地资源又能较好保护自然植被的轮作制。一系列精耕细作的方法也随之出现,如整地播种、育苗移栽、中耕除草、灌溉施肥等。

在欧洲,典型的古代农业技术是休闲、轮作并兼有放牧地的二圃、三圃以及四圃耕作制,它把种植业和畜牧业结合起来了。

大约在公元前1000年,二圃制在希腊形成。二圃制是指把土地分为两个区,一个区种麦类作物,另一个区休闲。次年调换,以恢复地力,保持土壤水分,并可有放牧地。

在二圃制的基础上,由于农村人口的增加和发明了有轮重犁,就产生了三圃制。三圃制是指把土地分成三个区,两个区分别种越冬作物和春播作物,第三区休闲,三年轮换循环一次。二圃制和三圃制虽然保护地力,但是土地的利用率不高。

进入18世纪,为了提高土地利用率和农业的集约化程度,英国首先推行了四圃耕作制,即"诺福克轮作制"。它把农地分为四块,依次轮换种植芜菁、大麦、三叶草和小麦等作物。这样,休闲地、放牧地被取消了,有利于土地利用率提高,并为牲畜提供了优良饲料,把牧畜放牧改进为舍饲,同时,可以利用厩肥提高地力。

在西亚和北非,古代农业的耕作制度是隔年耕作法,即在干旱缺肥的条件下,种一年休闲一年。但随着人口的增加,休闲期也逐渐缩短,成为不休闲和短期休闲的轮作制。

在中国,古代农业的耕作制度水平远高于世界其他国家,著名的德国农业化学家李比希称中国的农业是"合理农业的典范"。

其次,灌溉施肥方法由原始的自然补充土地水分、肥力过渡到劳动者利用各种方法主动对土地施加水、肥。

在农业起源最早的西亚、北非地区,由于气候干旱炎热,创立了灌溉农业。当时人们创造了许多种灌溉方法,如建造引河水渠道进行自流灌溉,或引河水淤灌,或引地下水灌溉,或修水井及坎儿井实施井灌等。灌溉农业以埃及尼罗河流域最为著名。当地年降雨量不足200毫米,但由于创造了淤灌法,就建立起了能维持当地人口生存的农业生产。淤灌法,即在每年的8—9月汛期,引尼罗河水浸泡两岸土地并借此淤积肥沃的河泥,在排干水以后播种一季作物,然后休闲至新的汛期。由于淤积和休闲交替,土壤中的养分不断聚积和分解,维系了作物生长所需要的水肥。

在中国,发明了耕—耙—耱的抗旱保墒耕作法,而东汉时期的龙骨水车也能反映出当时灌溉技术的进步。

总之,古代农业生产技术是随着生产工具的更新而不断更新的。一方面生产技术更新是先进生产工具充分发挥作用的保证,比如,铁犁的完善和动力的增加要求地力常新,否则土壤退化的面积更大、速度更快,土地生产率将日趋下降,先进农具的优越性无从表现。另一方面先进的生产工具使得农业技术的更新成为可能,比如,有了马拉的条播机、中耕机,才能在劳力短缺的欧洲实行四圃耕作制,扩大种植面积。又如,有了水利工程和水车灌溉工具,灌溉技术才得以发展。同样,铁犁犁壁的发明使用,才能把杂草埋在地下面作肥料,从而实施精耕细作。

(三)古代农业的生产经营状况

古代农业阶段是根据农业生产力的水平而划分的,在此阶段包括了奴隶制的生产经营方式和封建制的生产经营方式等。

父系氏族后期,"生产已发展到这样一种程度:人的劳动力所能生产的东西超过了单纯维持劳动力所需要的数量"。在这种情况下,劳动力获得了价值,从而使部落战争蜕变为掠夺战争,促进了奴隶制的产生。

在欧洲,从公元前 500 年到公元 500 年期间,希腊和罗马先后建立了奴隶国家,其典型的农业经营方式是奴隶制庄园。奴隶制庄园的特征是:奴隶主占有全部土地和其他生产资料,并完全占有直接生产者——奴隶以及全部产品;庄园产品用于交换的很少,自然经济占统治地位。相对于原始氏族家庭而言,奴隶制庄园农业的出现是一个进步,因为战争中的俘虏不再被杀掉,农业劳动力不断增加,这就为兴建大型水利工程、大规模开垦荒地等提供了有利条件,从而提高了农业生产水平,增加了更多的剩余农产品。

奴隶制庄园存在和发展的主要条件是不断得到大量的廉价奴隶。但到公元 3 世纪以后,罗马帝国的对外扩张和掠夺已经到了极限,奴隶来源枯竭;加上奴隶为了反抗奴隶主的残酷压榨,又经常进行怠工、破坏,以致大批奴隶逃亡和爆发奴隶起义。这样,继续使用奴隶劳动已变得无利可图,奴隶制庄园经营陷入严重危机之中,农业经济的滑坡导致国家综合实力的下降和政治混乱。为此,一些庄园主只得把地产分成小块,或者交给奴隶分别耕种,准许奴隶有自己的家室,并向他们征取部分收成;或者租给小佃户耕种,收取一定的租额。前者称为佃隶,后者称为佃农。佃隶和佃农都是介于自由农民和奴隶之间,有着一定的生产独立性的新的小生产者。一方面,他们被固着于土地,只许随土地的出售而转移;另一方面,他们的生产和生活都有一定的自由度,其劳动积极性要高于奴隶。佃隶和佃农的产生标志着奴隶制庄园经营方式的衰落和封建农业经营方式的萌芽。

公元 5 世纪以后,北方野蛮民族的入侵,导致罗马帝国灭亡。新征服者把战争中侵占的土地分封给大大小小的领主,封建领主经营方式由此产生。封建领主的经营特征是:封建领主占有土地和不完全占有农民;农民耕种封建领主的土地并向他提供极其繁重的地租和劳役；农民有了自己的经济，可以支配自己劳动的部分产品；农民没有任何政治权利，被迫受封建领主的超经济压迫与剥削。封建领主经营方式的生产目的是自给自足，在封建领主庄园内设有手工作坊、铁匠、马掌匠、武器匠、首饰匠、皮革匠以及磨面、榨油、酿酒等作坊。

在中国，古代农业典型的经营方式是地主制经营。地主制经营的特征是土地买卖、实物地租和农民家庭为生产单位的小农经济。

三、近代农业（19 世纪中叶至 20 世纪中叶）

近代农业与现代农业的划分应根据农业生产工具和生产技术发展而定。因各国发展水平不平衡，很难一概而论，但就发达国家和地区而言，大多数人将这一界线定在 20 世纪中叶前后。我们倾向于以第二次世界大战为界，以突出近代农业在生产工具方面取得的成就及其带来的问题，而将"绿色革命"等生物科学的成就划归现代农业所获得的成果。近代农业也可以看作现代农业的起步阶段，时间约为 100 年。

（一）近代农业产生的前提

在世界农业的发展过程中，近代农业产生的条件就是农业的资本主义化。不同国家农业资本主义化的方式不同，其中较典型的是发生在英国农村的"圈地运动"。

"圈地运动"使自耕农大多沦为无产者，少数则成为租地农场主。农业中形成了地主、农业资本家、农业工人三个阶级。资本主义在英国农业中取得了决定性胜利。英国的圈地现象从 13 世纪起就时有发生，但那时是不合法的也是零星出现的现象，只是到了 17 世纪末之后才变成了一个合法的大规模运动。

17 世纪末，随着海外市场的不断开辟，城乡毛纺工业的发展，对羊毛的需求增加，需要更多的牧场来饲养羊群。在利益的驱动下，英国对畜牧业，特别是养羊业十分重视，牧草的需求量大幅度增加。显然，三圃制的土地利用方式无法提高牧草的产量，因为在三圃制中，收割完庄稼的茬地和休闲地都必须敞开，作为公共的牧场。而在公共牧场上，由于私人种植牧草利益得不到保证，英国牧草的产量和质量都在下降。为了解决这个问题，资产阶级化了的英国贵族们，在政府的支持下，先是圈占公地，而后发展到驱逐其他农民，剥夺他们的份地。

从表象看，"圈地运动"不过是对旧有耕作制度的改革，而它的实质则是一场包括农业在内的大范围的社会革命的前奏，是古代农业转进为近代农业的先导。它意味着，在农民被迫同土地分离的同时，土地集中起来了，进而实现了资本同集中起来的土地的结合。新的农牧场便成为向市场提供商品、农产品的资本主义企业。在市场利益机制和竞争机制的促动下,先进的科技成果开始被纳入农业生产过程,农业面貌为之一新,近代农业阶段从此起步。

(二)近代农业生产工具的进步

近代农业生产工具的进步是从工作机开始的。工业和城市的发展增加了对农副产品和劳动力的需求,工业的发展也为各种农业机械的发明与改进提供了条件,加上农副产品的市场竞争日趋激烈,促使人们试制和使用各种农业机械。19世纪以后,农业机械由以手工工具为主过渡到以各种农业机器为主。1811年,英国的 W.史密斯取得收割机的专利;1833年美国的奥·胡塞获得了一部实用的马拉收割机的专利;1837年美国的 J.A.匹茨因畅销的脱粒机取得专利;1836年,美国的第一部联合收获机获得专利,该机器能够集收割、脱粒于一身,是一种被人们寄予希望的农业机器。但在发展初期,它过于笨重庞大,需要20~30匹马来牵引,庞大的马队又难以驾驭,所以机动性差,工作效率低;19世纪20年代,在美国已经能买到马拉的玉米中耕机和耧草机、马拉的谷物条播机、干草压捆机等。

工作机的逐步完善与使用,迫切需要发明新的动力机。而当时工业的发展满足了这个需要,拖拉机产生了并应用于农业。

19世纪初,瓦特的蒸汽机已被广泛使用,它首先被用于带动脱粒机等从事固定作业,继而用于移动项目。1874年,蒸汽拖拉机在法国首次出现,以绳索牵引进行耕地作业。19世纪末,这种拖拉机在美国有几千台。但是,重量大、速度慢、燃料体积庞大等问题限制了蒸汽拖拉机的发展。1889年,第一台内燃拖拉机在美国产生,但由于动力小,实用价值不大。1892年,第一台实用的汽油拖拉机在美国问世。1931年,柴油拖拉机诞生,从此,柴油拖拉机以其突出的经济性和强大的动力而逐渐取代汽油拖拉机。同时,内燃拖拉机在逐步成熟。

柴油拖拉机的出现为联合收获机等农业机器的广泛使用创造了条件,农用役畜逐渐减少。机械力代替畜力或部分代替畜力是近代农业的重要特征。

美国实现农业机械化最早。从1910年到1940年,它用了30年左右的时间基本上实现了农业机械化。从先后次序来说,首先是从固定作业和耕作的机械化开始,最后实现收获机械化。收获机械化则是先从谷类作物如小麦、大豆开始,再逐步扩大到甜菜、土豆和棉花等作物。

在近代农业阶段,德国、法国、英国以及日本的农业机械化的发展也很迅速。但由于它们的国情各不相同,所以农业机械的规模也不相同,其中美国的农机以大型为主,法国以中型为主,而日本则以小型为主。

(三)近代农业生产技术的发展

近代农业阶段正处于人类社会第二次科技革命时期,物理学、化学、生物学、地学的研究成果不断涌现,并且大量渗入农业领域,从而科学的农业生产技术体系开始形成。与其他学科相比较,化学在促进近代农业技术发展过程中的作用最为突出。

李比希是德国农业化学家,也是农业化学的奠基者。通过对土壤特征、植物生长、植物营养、粪肥的化学成分以及植物腐烂原因等诸多课题的长期研究,他提出了矿物质营养学说,第一次科学地论证了土壤肥力主要由钾盐、磷酸盐和氮肥组成。他还指出,植物以不同的方式从土壤中吸收这些养分,而为了保持土壤的肥力就必须把植物取走的养分以肥料的形式还给土壤,归还的方法就是施肥。

在李比希研究成果的基础上,化学肥料工业产生了,施用人工肥的做法日渐普及。由此,传统的耕作技术发生巨变。主要表现在:第一,停止休耕、轮种,实行连作,粗放农业向集约农业转化;第二,变低产量为高产量,向高产农业转化;第三,变依靠生物能源为依靠矿物能源,向石油农业转化;第四,变低投入为高投入,向资金密集型农业转化。

除了农业化学外,合成化学对近代农业的影响也很深刻。

1874年,德国人齐德勒用化学合成的方法制成DDT;1934年法国人杜皮尔又合成了六六六;1938年,德国人希拉台尔合成了八甲磷,1944年又合成了对硫磷。实验证明,这些化学制剂都能有效地杀灭许多昆虫,并且容易制造、成本低廉,适于大量生产。于是20世纪30年代至40年代,化学杀虫剂在农业中得到广泛应用。

同时,在20世纪初,法国、美国应用硫酸铜防除杂草,成为农田化学除草的开端。1941年,除草剂的研制成功和广泛使用,真正开创了除草的新纪元。

另外,20世纪初分析化学的迅速发展为化学研究的精确定量提供了条件,其中特别是色层分析法在有机物分离和分析中发挥了独特的作用。于是,人们可以做到从外部加入能够改变作物内部激素的化合物以影响植物的生长发育。1933年,荷兰化学家柯尔鉴定出吲哚乙酸是一种天然存在的生长物质,并可以通过人工合成应用于植物,改变其生长状况。这是人类发现的第一个作物生长调节剂,它的问世表明人类在农业生产中获得了支配、改造自然的更大的主动性。

在近代农业阶段,对农业技术进步发生过重要影响的还有生物科学。自然哲学和显微镜的结合是细胞理论产生的前提。1838年,德国植物学家施莱登和动物学家施旺先后明确提出细胞理论。该理论指出:所有生物都是由细胞构成的;所有生物的发育都是从一个单细胞开始的;多细胞生物的功能可以从细胞的活动和相互作用来阐明。1859年,达尔文的巨著《物种起源》出版,他以大量的实例为依据指出,世间的各种生物都在自然选择、适者生存的规律约束下进化。

1865 年,奥地利遗传学家孟德尔根据豌豆杂交实验的结果,在《植物杂交实验》一文中,首先提出了生物遗传因子的概念,指出生物各种性状的因子是互不相关、各自遗传的。从 1909 年起,美国遗传学家摩尔根进一步深化了孟德尔的研究,使遗传学研究从个体水平发展到细胞水平,指出决定生物性状的因子(基因)分布在细胞的染色体上。

正是在细胞学说、进化论和遗传学的基础上,近代农业的良种选育技术日趋成熟,在其他增产措施的配合下,促成了近代和早期现代农业生产的三次大突破:第一次突破是美国的杂交玉米。1930 年,美国农业部门将科学选育出来的双交玉米种向农民推广,1943 年双交玉米种播种面积占玉米播种面积的50%,平均亩产由过去的 100 千克增加到 350 千克,获得很大的成功。

四、现代农业(20 世纪中叶至今)

第二次世界大战结束以后,各国都致力于科技与经济的发展,从而推动了近代农业向现代农业的转变。

现代农业的内容详见第 6 章第一节现代农业概况和第二节现代农业的发展历程。

 复习思考题

1. 简述农业的起源。

2. 中国古代农业发展的特点是什么?

3. 试分析世界农业的发展阶段及各阶段的特点和联系。

 即测即评

扫描二维码,做单项选择题,检验对本章内容的掌握程度。

参考文献

［1］翟虎渠.农业概论.2 版.北京:高等教育出版社,2006.

［2］刘巽浩.农业概论.北京:知识产权出版社,2012.

［3］王冀川.现代农业概论.北京:中国农业科学技术出版社,2012.

［4］王立祥,廖允成.中国粮食问题——中国粮食生产能力提升及战略储备.银川:阳光出版社,2013.

［5］贾志宽.农学概论.北京:中国农业出版社,2010.

第三章　农业资源与区划

本章学习目标

1. 掌握农业自然资源的概念和内涵；
2. 了解农业资源的利用与保护；
3. 了解农业资源区划的作用及内容。

导　读

　　农业生产的本质是生物再生产的过程，包括植物性生产和动物性生产，其过程与周围的自然环境有着不可分割的联系，受气候、土壤、水、生物等自然资源的制约和影响。随着人类社会的发展和进步，农业生产开始转变为生物再生产和社会再生产的双重过程。21世纪，全球面临人口膨胀与资源消费需求增加的巨大压力，农业生产中资源与发展的矛盾变得更为突出。如何合理、有效并充分地利用和开发农业资源,协调区域间、当代人和后代人之间的发展和利益冲突,成为人类社会发展亟须解决的重要问题之一。因此,合理利用农业自然资源,是发展农业生产具有战略意义的重大问题。查明不同地区各类资源的数量、质量、性质、分布和组合特征等基本情况,研究其开发潜力和合理保护、利用的方向与措施,是确保农业可持续发展的前提条件。如何根据区域间农业资源面临的问题,进行区别管理和开发利用,更是当前中国农业发展亟待解决的问题。

第一节　农　业　资　源

一、基本概念

(一) 资源

关于资源的概念,至今没有严格的、明确的、公认的定义。从词义上来看,资源是指资财的来源。《现代汉语词典》中对资源的解释是:生产资料或生活资料的天然来源。英文里资源一词为 resource,它是由 re 和 source 组成,分别含有"再"和"来源"的意思。

资源的概念通常有广义和狭义之分。广义的资源指人类生存、发展和享受所需要的一切物质的和非物质的要素。也就是说,在自然界和人类社会中,有用物质即为资源,无用物质即为非资源。因此,资源既包括一切为人类所需要的自然物,如光、水、空气、土壤、矿产、植物及动物等,也包括以人类劳动产品形式出现的一切有用物质,如设备、房屋、生产资料性商品等,还包括信息、知识、技术等。狭义的资源仅指自然资源。联合国环境规划署将资源定义为:自然资源,是指在一定时间、地点的条件下能够产生经济价值的、以提高人类当前和将来福利的自然环境因素和条件的总称。这里体现着对人类的效用,也就是社会性效用。可以说,首先,资源与人口问题联系在一起。对于人文性质的资源,更是有直接而普遍的社会效用性。其次,资源具有相对稀缺性,这是资源与人口必然联系的另一种体现。阳光、空气等这类物质对人类具有极为重要的社会效能,但人们在很长一段时间以来并不将其视为资源。这是因为与人类需求相比,其供给是充分的,只有在某些特殊的情况下,才表现出相对的稀缺和潜在的限制性,从而被视为资源。

因此,我们可以把资源的概念归纳为:在一定的历史条件下能被人类开发利用以提高自己福利水平和生存能力的,具有某种稀缺性的,受社会约束的各种环境和生物的总称,包括自然资源和社会资源。

(二)农业资源

农业资源是指所有用来发展农业所需要的自然资源、社会条件和经济技术资源的总和。农业资源是指自然资源和社会资源联系到农业利用的那一部分,是农业自然资源和农业社会资源的总称。如果说,资源是人类从事一切物质和生存活动的必要条件,那么,农业资源就是人们从事农业生产或农业经济活动所利用或可能利用的各种资源总称。

(三)农业自然资源

农业自然资源是指自然界存在的能被人类利用或在一定的技术经济和社会条件下为农事活动或农业生产提供原料或能量的自然资源。一般指土地、水、生物等自然物和各种气象要素,不包括用作动力的资源或以制造农业生产工具的铁矿、煤矿以及石油等矿产资源和水力、风力等资源。

农业生产是以农业自然资源为物质基础的,农业生产过程指的是利用农业自然资源而进行的自然再生产和经济再生产的过程。在特定区域内,农业自然资源是由不同生态特性的资源类型组合而成,并相互影响、相互制约的综合性的有机结构体系,受不同的生物气候条件作用,形成了不同的区域分异规律,即纬向地带性、经向地带性和垂直地带性所体现的农业自然资源综合体。

一般农业自然资源的构成主要为水资源、气候资源、土地资源和生物资源。

(四)农业社会资源

农业社会资源是对农业生产投入的劳力、技术、资金和智力等主要因素的总称。由化肥、农药等化工产品及农田耕作、栽培、育种和排灌因素构成的技术资源,由现代科学技术武装的农业教育、科研与管理结合体系构成的智力资源,以及以资金为主的经济资源都属于农业社会资源的范畴。

农业社会资源常因地区、历史时期和社会经济条件的不同而变化。随着农业生产的发展,投入量增多,将带动生产力的迅速提高。但从能量角度看,上述投入因素主要属置换性能量与生产性能量。前者可提高劳动生产率,如以机械代替人、畜劳动,以矿能代替生物能等,但不能直接提高单产;后者如施用农用化学药品和灌溉可使系统增加水与养分,增加抗逆力,从而增加产量。一个合理的农业生产系统必须考虑可能投放能量的种类和数量,系统本身的自净力,将提高产量的途径重点放在利用可更新资源方面,要求投入不可更新资源最少,获得产量最多,使有限的能量发挥更大效率并重视生物技术的利用。作为重要的辅助性资源,对提高自然资源利用效率和节约使用资源有重要的作用,随着科学技术的进步,社会资源的作用越来越大。

总之,资源和农业资源的概念,是随着科学技术与生产力的发展水平而变化的,与人们的认识水平紧密相连。如信息、技术、管理等过去不被认为是资源,而现在已成为日益重要的资源。

二、农业资源的分类

农业资源是由多种不同资源组成的。通常按属性分,农业资源可分为农业自然资源和农业社会资源。其中,农业自然资源按其是否具有可更新性可分为可更新资源、不可更新资源和非耗竭性资源;农业社会资源分为生产性资源和辅助性资源。

可更新资源是指可以连续或者周期性地产生、补充和更新的自然资源,能够持续供应、永续利用,能以不同的方式进行更新与循环:一种是通过参与生命过程实现更新的生物资源,此类资源通常有生命,有再生或更新能力。如植物、动物、微生物,又如森林、草原等,在适当的条件下和环境中能够进行更新繁衍。但可更新性又是相对的,如若不合理地利用,生物资源也可能出现退化、崩溃、解体,甚至于消亡和灭绝。因而在其开发利用的过程中,要注重适度性和合理性。另一种是非生物资源,通常没有生命,如土地、水、大气及光照,但它们都各自有恢复和更新的规律。人类在开发这些自然资源时,只要按照客观规律办事,就能维持生态平衡,既能发展生产,又能保护环境。

不可更新资源指不能连续或者周期性地产生、补充和更新的自然资源,或者资源更新周期相对于人类活动时间太长的自然资源。这类资源通常没有生命,主要为矿产资源,对于人类社会的发展时期而言,是不可更新的,如石油、煤炭、铁矿等各种金属和非金属矿物。矿产资源的形成需要经历漫长的地质年代,有的几百万年,有的几千万年、几亿年甚至十几亿年,故称为不可再生资源,有限性和稀缺性是这类资源的特征。因此,在利用这些资源时应降低消耗,提高利用率,使之既发挥最大的经济效益,又能延长其开发利用的期限。

资源的可更新性与不可更新性是相对的,科学合理利用资源可以提高资源的可利用性,滥用与破坏资源可能导致资源的可更新性丧失,节约资源和保护资源是实现资源持续利用的重要途径。

非耗竭性资源在大自然广泛大量存在。如太阳能、风能、地热能、海洋热能、潮汐能等。这些资源在地表空间的分布虽然差异较大,但在时间上变化小,对同一区域的生产或生活来说影响较为恒定,不会因为人类的使用而引起资源数量的变化。非耗竭性资源同样是十分宝贵的资源,应充分开发利用。

农业社会资源是通过技术革新创造或者加工改造的自然资源,分为生产性资源和辅助性资源,如农业人口与劳动力资源、农业能源、矿产资源、农业资金、物质技术资源等。社会资源中的生产性资源是直接用于农业生物生产的资源,对农业生物生长发育产生影响的社会资源,主要是化肥、添加剂以及部分农用药剂等。除生产性资源外的社会资源都可以认为是辅助性资源,它主要用以改变和调节生产性资源的数量、质量以及时空分布,提高资源利用效率和劳动效率,以获取最大的农业产出或者农业经济效益,如农业机械、温室大棚、农业科技、资金以及农业信息。

农业资源分类如图 3-1 所示。

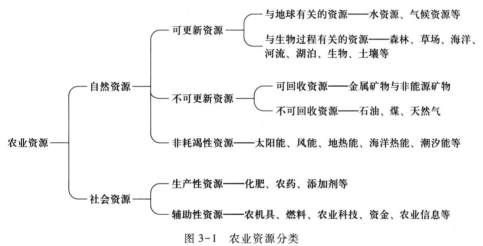

图 3-1　农业资源分类

(资料来源.骆世明.农业生态学.长沙:湖南科技出版社,1987.有改动)

三、农业自然资源的基本特性

农业资源,特别是农业自然资源,种类繁多,各种农业自然资源都具有自己的特点,但它们也有共同的规律。因此,从事农业生产既要求掌握它们的特殊规律,也要求掌握它们的共同规律,以便充分发挥各种资源在生产上的作用。

(一)整体性

农业自然资源是由多要素组合的自然生态系统,其组成的各要素相互依存、相互制约,形成一个有机的整体,成为具有多因素、多层次、多结构、多功能的大系统。例如,土地资源是由土壤、气候、地貌、岩石、水文等要素构成的。这些要素相互之间存在复杂的制约关系,如水土流失和生物群落的变化,会导致生态系统的退化。因此,在开发利用农业自然资源时,应通过适当的调控,采取合理的经营管理措施,使其朝着有利于人类生产和生活的方向发展。

（二）地域性

由于纬度差异和地表形状的复杂变化,地球上各个地区的水、热条件各不相同,加上地理位置与社会经济发展水平的差异,不同地区的农业资源各有其独特的类型和组合方式,表现为空间上的不均衡性。如北方以种植小麦为主,南方以种植水稻为主,高海拔地区种植喜凉作物,高纬度地区种植青稞作物等,种植作物的特性是由资源地域性决定的。即使在一个小范围内,如在水田和旱地、平地和坡地、阳坡和阴坡,以及不同的海拔高度之间,也都有不同的资源生态特点。这一资源的区域性特点要求人类在农业生产中,遵守农业资源的地域性规律,做到宜农则农,宜林则林,宜牧则牧,充分考虑区域、自然环境和社会经济的特点。

（三）可更新性

农业自然资源不能被创造,但是它的形态和性质在一定程度上是可以改变的。因此,农业自然资源具有一定的可更新性,如通过培育优良的生物品种、改土培肥、改善农田水利等措施可以进一步发挥自然资源的生产潜力。农业资源的更新和循环的过程与人类活动干预的程度有很大的关系,一旦超过资源的承受力,破坏原来的生态平衡,导致农业资源的可更新性降低,之后要恢复其可更新性是十分困难的。如果这种干预和影响是在自然资源承受力范围内,就有可能使农业自然资源继续保持周而复始和不断更新的良好状态;反之,就会导致资源的衰退,甚至枯竭。

（四）有限性

有限性是自然资源最本质的特征。农业资源在一定的地域空间和一定的科学技术水平下,农业资源的数量也是有限的,主要表现在以下三个方面:一是一定的时空内是有限的,如降水量、太阳辐射量等随着经度、纬度等地域的变化和年际变化而表现规律性变化;二是一定的技术条件下是有限的,由于科学技术水平的限制,人类对资源的利用能力受到限制,如生物圈初级生产能力的能量转化效率仅有 0.1%,在良好条件下也只有 0.5%,农作物光能转化效率最高时也不过 5% 左右,可见光能利用效率的潜力很大;三是农业资源的负荷是有限的,超过其可更新的阈值,资源的数量就受到限制,如过度开采地下水,形成的地下水漏斗就是过度利用水资源的表现。

（五）利用潜力的无限性

尽管农业资源在一定的地域条件下的数量是有限的,但由于农业自然资源具有可更新性和可培育性,在科学技术进步的前提下,它的可利用生产潜力是可以持续开发的,主要表现为:① 农业资源的范畴是不断扩展的,同一种资源的用途也逐渐增加,如利用家畜粪便生产沼气,利用秸秆生产食用菌,以及稻田养鱼、盐碱地改良等,在工业生产中资源范畴扩展表现得更为广泛。② 农业资源的利用效率是可以不断提高的,如通过培育新品种可以提高光能利用效率、水分生产效率以及化肥利用效率,通过家畜品种改良可以提高肥料利用效率,提高奶牛产奶量和家禽产蛋量等,发挥资源更大的生产潜力。③ 废物的资源化。如工业生产的废水经过处理可以灌溉农田,废渣可以铺路,垃圾分类处理不但可以回收利用,还可以成为发电供热的资源等。

（六）动态性

农业资源是不断发展变化的。它既指农业自然资源和农业社会资源在时间和空间两方面的不断变化(如土地利用方式的改变、农村劳动力迁移等),也指农业资源本身随经济发展和技术进步而表现出来的范围的变化。

第二节　农业资源的开发与利用

一、农业资源开发与利用的意义

农业资源的合理利用是实现现代农业的重要前提,它关系到农业生产和社会发展的全过程,更关系到人类的生存和发展。农业的发展涉及多种生产要素,在人类发展的不同时期,自然资源条件对社会发展有着不同的制约作用。随着人口的增长以及人们对农产品的需求量日益增加,这种限制和制约作用将更为突出。解决这一难题,不能完全依靠已利用和开发的资源。只有对农业资源进行深度和广度的开发利用,扩展到农业再生产更广阔的领域中,使资源不断增值,资源利用的有效程度更为精细,才可以满足可持续发展的需求。相反,如果农业资源的利用不合理,超过资源可承受的阈值,就会造成资源的浪费和耗竭。如我国部分区域因盲目毁林开荒,引起一系列的恶果,如森林资源的减少、草场的退化、水土流失等。因而,充分认识和合理开发利用农业资源具有重要的现实意义。

（一）合理利用农业资源是农业现代化的客观需求

农业再生产是依赖农业资源形成农产品和农业生产力的过程,农业资源是提高农业产量和发展农业的最重要因素之一。当生产力水平处于较低的水平时,自然资源对社会发展的限定作用较大。随着现代科学技术的应用,除了一些不可抗拒的特大自然灾害外,人类已能在很大程度上通过合理利用资源来发展生产,从而不断提高农业集约经营水平和综合生产能力。近年来,我国为能够科学合理地利用农业资源,已投入了大量的资金、人力和物力,在农作物生产集约化配套技术、畜禽水产集约化饲养技术、利用生物技术进行高产优质品种选育等方面,加大了资源转化力度,促使整个农业生产加快了向现代化水平迈进的步伐。因此,充分挖掘和合理利用农业资源,克服不利因素,是提高农业劳动生产率的要求,也是实现农业现代化的客观需求。

(二)合理利用农业资源是缓解人口增长与人均资源拥有量矛盾的有效途径

随着人类社会的发展对资源需求的加大,各个国家都不同程度地存在人均资源日益下降的趋势。对于我国人多地少的国情,这一矛盾更为突出。据我国人口学家的估计,全国农业自然资源的最佳负荷量是 7 亿人口,而我国实际上早已打破了人口与资源的平衡。据预测,我国的人口总量将在 2020 年突破 16 亿,要在现有的资源情势下养活 16 亿人,除了严格控制人口的增长外,当务之急是合理利用现有的农业自然资源,提高土地资源的承载量,节约用水,制止大面积缩减耕地,并通过改造盐碱地、沙化地,以及植树造林、退耕还草来降低水土流失和土壤沙化、荒漠化程度,使有限的资源得到最大的利用,以缓解日益突出的人地资源矛盾。

(三)合理利用农业资源是可持续发展的需求

随着现代工业的发展,“三废”大量排放,加之农业生产中部分地区化肥和农药的过量施用,对土壤、大气和水造成了不同程度的污染,影响了农作物的生长和人畜的健康,对农业环境带来了危害。环境监测表明:在全国 7 大水系中,近一半的河段污染严重,流经城市的河段 82% 受到严重污染,25 000 千米的河流污染物超标,受污水、工业废弃物和城市垃圾危害的农田达 0.1 亿公顷;化肥、农药和农膜等大量使用带来了严重的农业污染,中国农药施用量每年以 10% 的速度递增,农药和化肥的超量使用使得农药残留超标率和检出率甚高,化肥的使用已使粮食增产出现了边际负效应。农药、化肥等的滥用不仅使土壤、水体和大量农产品受到污染,导致不少农作物高产地区的农田生态平衡失调,病虫害越治越多,耕地污染、水污染及农产品质量下降等问题也日益严重起来。

(四)农业资源开发利用能增强农民的现代意识,消化农村剩余劳动力

农业资源开发利用是一个需要投入大量劳动力才能完成的活动,本身对劳动力需求大,因而对转移、消化农村剩余劳动力的作用十分显著。农业资源开发利用的合理与成效受科学技术水平影响较大,其开发利用的过程中,需不断应用先进的农业科技和注入时新的农业商品市场信息。例如,开发利用旱区农业,需要开发者具有一定的节水灌溉知识;开发利用土地资源发展种植业,需要不断采用各项增效技术,如运用高产优质品种、科学平衡施肥、节水灌溉、耕作改制等。这些措施将促使农业科技的传播和农民素质的提高。而农民的现代意识、科技意识增强后,又能促使农民自觉地进行农业资源的深度和广度开发利用。

由此可见,在农业资源开发利用的过程中,不能只看到眼前的局部利益,而必须从长远的、全面的观点考虑。如果忽略了发展生产和保护环境相互之间的规律,就会导致破坏资源、牺牲环境而求得短暂生产的发展和事与愿违的结果。

二、农业资源利用的原则

(一) 因地制宜

农业资源具有明显的地域性特征,农业生产又是在一定地域进行的,必然会受到自然条件的影响,这使得农业生产对自然环境有一定的要求和适应性。因此,农业生产中只有充分考虑生物的适应性,才能最大限度地发挥生产潜力,才能最大可能地利用环境资源、发挥资源优势。农业资源因地制宜利用原则概括起来就是宜农则农、宜林则林、宜牧则牧、宜渔则渔,在充分了解自然资源特点后,进行合理布局、扬长避短,把资源优势变为生产优势,从而形成区域化的农产品优势。

(二) 节约利用

在一定的地域范围内,农业资源的数量是有限的,超出资源利用的阈值会导致环境压力加大,甚至破坏生态环境,导致生态危机。因此,实现人类与生态环境和平共处的基本原则之一就是节约利用资源。

(三) 资源保护

开发利用资源是为了满足人类社会的需求,但如果开发中不注意保护资源,甚至破坏资源,必然会导致资源耗竭。农业资源开发中应该根据资源类型与特点,制定相应的利用与保护战略,充分考虑资源的再生能力和环境承受力,同时应重视资源培育,做到用养结合,促进资源的永续利用。

(四) 遵守制度

建立以市场为导向的科学的农业资源产业管理体系,是实现农业资源优化配置的关键所在。只有实现资源的优化配置,才能高效、合理地使用资源。所以,建立相应的资源开发及管理的体制与法规,才能使资源的利用成为有序流动。在管理体制上要打破传统的条块分割,使人们在资源的开发利用中树立起牢固的开发与保护相协调的意识,自觉遵守各种规章制度。

（五）综合利用

农业资源是一个有机的综合体，其组成要素之间相互联系、相互制约。农业资源的单一开发会造成资源的浪费，任何资源在利用过程中都会产生废弃物，还会危害到生态的平衡。因此，在农业生产中要根据资源本身特性发展多种经营，实行综合开发，使农业资源得到分级、多层和多途径利用。这样，既可以提高资源的利用效率，又能增加农产品的多样性，同时能减轻环境负担，有利于保护生态环境。

三、合理利用农业资源的措施

（一）农业资源开发要进行科学部署，做到有步骤、有重点、有计划

农业资源开发利用是一项涉及面广的、复杂的系统工程，没有统一规划和统筹开发以及各相关部门的协调，难以完成农业资源开发的目标。因此，农业资源开发要进行科学部署，避免盲目性，做到有步骤、有重点、有计划。农业资源开发项目的选择确定，要引入竞争机制，择优选题立项，同时所有开发项目应进行前期论证和可行性研究，以使农业资源开发项目的选取更加科学合理。在开发过程中，也应把有限的资源用在最能显著地提高农业综合生产能力的地方。

（二）农业资源开发要针对不同发展时期的发展特点制定开发战略

农业资源开发要进行科学规划，在时序上体现为：近期以深度开发为主，广度开发为辅；在中长期，要坚持深度开发和广度开发并举的方针。近期的深度开发，鉴于投入资金有限，重点进行中低产田改造和冬季农业开发，扩大再生产效率，以提高农业产出水平为主攻方向；适当开垦宜农荒地、沿海滩涂等农业后备资源。中长期的发展，应从我国人口数量的增加及人们生活水平提高对农产品数量和质量提出的高要求、高标准出发，进行深度和广度的综合开发，将扩大农业生产规模、提高产品质量和单位产出相结合，促进农业生产的稳步增长，使资源的利用、生产力的提高与国民经济发展速度相适应。

（三）农业资源开发要注重生态经济社会经济效能的优势发挥

农业资源开发要以合理的资源配置为基础，重点突出，循序渐进。一方面对资源进行全面系统的综合开发，强化资源的多级利用潜力，提高农业资源的生产能力和利用效率；另一方面，强化对农业资源进行多层次、多系列、多产品综合开发的研究和利用能力，避免对农业资源的单一开发所造成的浪费。加大农业投资的力度，农业资金投入管理上实行国家、地方、集体、个人相结合的方法，建立良性管理和应用机制。国家用于农业资源开发的资金，可根据不同地

域特点和发展方向,确定不同的资金使用和偿还办法:对于长期效益好,但短期难以回收投资的项目,如荒山、荒坡的治理,植树造林、改良草地等项目,可在投资方法上给予适当扶持;对于短期效益很好的项目,要全部或部分回收投入资金,这将促使有限的资金集中使用;对于经济效益差,但社会效益和生态效益好的基础性投资开发项目,可采取无偿投资的办法;对于经济效益、社会效益和生态效益均好的项目,可采用有偿为主、适当扶持的办法。从而实现投入资金的差异化管理,提高农业投入资金的科学化管理。

(四)因地制宜地制定区域资源开发战略

根据不同区域、地区的自然经济条件,制定符合区域经济利益和各种资源宏观经济效益的资源开发利用战略,是合理利用和保护农业自然资源的首要前提。不同的区域,由于不同的资源禀赋和差异,可以有不同的农业集约化程度和集约经营方式,以及不同的农业生产结构和农业生产布局。为了促进资源的不断更新和永续利用,需要在采取各项开发、利用措施的同时,充分考虑到该措施对资源系统的长远影响和整体影响。因此,有必要因地制宜地制定与区域特定自然经济条件相适应的区域资源开发战略。

(五)完善农业资源利用和管理的相关政策、法规

农业资源的相关政策、法规能调节资源开发过程中人们之间的各种经济关系,协调人与自然之间的关系,是国家实施资源开发利用战略的基本途径,也是保证社会基本制度稳定的有力工具。因此,有必要进一步完善农业资源的相关法规,以法律形式加强农业资源保护和促进农业资源开发,做到开发利用资源有法可依,保证农业资源开发活动的经常性和持久性。

第三节　农业资源区划

一、农业资源区划的概念

随着我国社会经济的发展和人们认识的不断深化,农业资源区划的定义也在不断发展和完善。它已从地理学范畴,发展成为一门多学科交叉的综合研究的应用性基础学科。

农业资源区划是在农业资源调查的基础上,根据地域分异规律,将全国或一定地域范围不同的自然条件与社会经济条件、农业资源和农业生产特点,按照区内相似性与区间差异性和保持一定行政区界完整性的原则,划分为若干不同类型和等级的农业区域,并分析研究各农业区的农业生产条件、特点、布局现状和存在的问题,指明各农业区的生产发展方向及其建设途径。农业区划既是对农业空间分布的一种科学分类方法,又是实现农业合理布局和制定农业发展规划的科学手段和依据,是科学地指导农业生产,实现农业现代化的一项基础性工作。

二、农业资源区划的作用

农业生产本身具有强烈的地域性,它的空间分布尽管因地而异,千差万别,但仍然有规律可循,农业生产同样遵循地域分异规律。按照地域分异规律来划分农业区,目的是为充分、合理地开发利用各区域农业资源,以扬长避短,发挥地区比较优势,因地制宜地规划和指导农业生产,实现合理的农业地域分工提供科学依据,从而避免农业生产的盲目性。农业资源区划的作用主要表现为:

(1) 有助于全面掌握农业生产的地域自然资源和社会资源的分布差异及其变化趋势,阐明农业发展的方向和途径,为国家制定相应的政策和引导措施提供科学依据。

(2) 通过对农业生产结构变化的分析,及时反映农产品供给情况及变化趋势,为政府政策调控措施的选择提供依据。农业生产是自然再生产和社会经济再生产的过程,这一过程建立在不同地区,不同环境条件、技术条件和社会经济条件下,因此不同的区域会形成不同的产业结构,分析和评价农业产业结构的变化和趋势,可为政府决策提供科学依据。

(3) 掌握农业自然资源、社会经济条件变化情况,并分析对农业生产的可能影响及发展趋势,可为各区域农业布局提供依据。由于自然条件和社会、经济发展程度的不同,人们长期进行各具特色的农业生产,会逐渐形成为不同的农业区域,从而形成不同的生产力水平、不同表现形式的生产能力。因此可以说,不同农业区域就是不同生产力的布局,即国民经济中农业部门、农村产业部门的空间排列与组合。可见,农业区划是农业生产力布局的基础。

三、农业资源区划的内容

农业生产是多部门、多门类的生产,不同区域有不同的地区差异和分布规律,这种生产条件的地区相似性和差异性,必须通过不同的区划来揭示和反映。按照农业资源区划的内容来划分,通常分为四类:

(一) 农业自然区划

农业自然区划是以服务于农业生产布局为目的,研究区域内与农业生产布局密切相关的自然资源和自然条件的时空分布规律及特点,并按照一定的分区原则和指标,将区域划分成若干等级内部条件相对一致的农业自然区,然后根据各农业自然区的特点,提出利用与改造农业自然资源与条件的可行性方案。农业自然区划又可分为部门农业自然区划和综合农业自然区划。部门农业自然区划是以与农业生产布局密切相关的某项自然条件作为研究对象而制定的农业自然区划,如"中国农业气候区划"、"中国土壤区划"等。综合农业自然区划是以影响农业生产布局前景的各项自然条件为综合体而制定的农业自然区划,如"中国综合自然区划"等。

农业自然区划,主要是调查与农业生产密切相关的自然因素的地域差异及其分布规律,评价它们对农业生产的利弊,提出各自然资源类型区高效利用自然资源的途径。主要包括农业地貌区划、农业气候区划,以及土壤、水文、地质、植被区划等。

（二）农业部门区划

农业部门区划是对农业生产部门及作物的地域分布进行的区划。它依据各个农业生产部门及各种作物的生产特点、生物学特性和生态适应性,分析、评价它们对各种自然资源条件的适应性、地区分布、所存在问题,并根据国民经济发展需要和各部门、作物的生产条件,结合市场对该项产品的需求趋势,做出的部门及作物的生产发展区划。主要包括种植业区划、林业区划、畜牧业区划、渔业区划等。

（三）农业技术措施区划

农业技术措施区划是农业现代化的一项基础性工作,是农业区划体系的重要组成部分。它是在分析、评价自然、经济条件的基础上,研究区域分异规律在发展生产方面对农业技术改革措施的要求;研究地区现有农业技术措施的生产效果、经济效果及其对自然环境的影响,在此基础上划分区域并提出适宜的农业技术措施。农业技术措施区划的划区方法主要采用叠置法、主导因素法和聚类分析法。叠置法是传统的分区方法,通常是先作单因子分区,然后投影叠置构成严格隶属关系的等级区划;主导因素法是抓主要矛盾在区划中的应用,一般都采用主导因素与辅助因素相结合的方法,该法是以"主导标志"作为分区界线的主导依据,参考"辅助标志"进行局部修正的方法;聚类分析法是利用计算机技术,应用区划的有机"组合因子"整体功能聚类分区的一种先进方法。

农业技术措施区划主要包括农业机械化区划、化肥区划、土壤改良利用区划、水利化区划、植保防疫区划、农作物品种改良区划及家畜家禽品种改良区划等。

（四）综合农业区划

综合农业区划是整个农业资源调查和各单项区划成果有机联系的综合反映,是农业区划的主体和核心,即在综合分析各种农业自然区划、农业部门区划、农业技术措施区划的基础上,根据合理布局农业生产的原则和要求,从农业生产总体和全局出发,阐明农、林、牧、副、渔生产布局现状和地区差异,按照一定的分区原则划分综合农业区,分区提出农业生产发展的方向、农业生产的合理布局、建立正确的农业生产结构和商品生产基地的建议,并提出因地制宜实行农业技术改革和农业现代化的关键措施,为制定农业分区规划提供科学依据。

以上四种区划既有区别又有联系,农业自然条件区划、农业部门区划、农业技术改革区划是综合农业区划的基础,综合农业区划则是全部农业区划工作的核心和集中体现。此外,随着各地乡镇企业的迅速发展,近年来对农村经济区划的研究和试点,已在一些地区逐步展开。

 复习思考题

1. 什么叫资源、自然资源、社会资源和农业资源?

2. 农业资源具有哪些基本特点? 它与农业生产的发展有何关系?

3. 如何理解合理利用农业资源对实现农业现代化的作用和意义?

 即测即评

扫描二维码,做单项选择题,检验对本章内容的掌握程度。

参考文献

[1] 张巧玲.中国农业资源与区划.北京:中国农业科技出版社,1997:172-178.

［2］陈阜.农业生态学.北京:中国农业大学出版社,2002.

［3］卞新民.区域农业发展概论.南京:南京农业大学出版社,2003.

［4］骆世明.农业生态学.长沙:湖南科学技术出版社,1987.

［5］黄云.农业资源利用与管理.北京:中国林业出版社,2010.

［6］徐勇.农业资源高效利用评价的程序、内容及方法.资源科学,1998,20(5):12-17.

［7］封志明,李飞,刘爱民.农业资源高效利用优化模式与技术集成.北京:科学出版社,2002.

［8］张淑焕.中国农业生态经济与可持续发展.北京:社会科学文献出版社,2000.

［9］农业资源可持续发展研究课题组.农业资源优化配置与生态环境建设.中国农业资源与区划,2003,24(1).

［10］杨改河.农业资源与区划.北京:中国农业出版社,2007.

［11］刘巽浩.农作制与中国农作制区划.中国农业资源与区划,2002,23(5):11-15.

［12］徐勇.农业资源高效利用评价指标体系初步研究.地理科学进展,2001,20(3):240-246.

［13］杨勤业,吴绍洪,郑度.自然地域系统研究的回顾与展望.地理研究,2002,21(4):407-417.

［14］中国农业区划委员会.中国综合农业区划.北京:中国农业出版社,1981.

［15］杨友孝.中国农村的持续发展区域评价与对策研究.北京:中国财政经济出版社,2002:1-8.

［16］刘书楷.农业区划.2版.北京:中国农业出版社,1990.

［17］郑度,葛全胜,张雪芹,等.中国区划工作的回顾与展望.地理研究,2005,24(3):330-344.

［18］李道亮,丁娟娟,傅泽田,等.农业资源综合利用效率的评价方法及案例分析.中国农业大学学报,1999,4(2):19-22.

［19］谢高地,章予舒,齐文虎.农业资源高效利用评价模型与决策支持.北京:中国农业科学出版社,2002:1-7.

［20］张忠根,应风其.农业可持续发展评估:理论、方法与应用.北京:中国农业出版社,2003.

第四章　农业生态系统

本章学习目标

1. 掌握农业生态系统的概念；
2. 了解农业生态系统的结构和养分循环。

导　读

　　本章主要阐述农业生态系统的组分结构、营养结构、时间结构、空间结构，以及农业生态系统养分循环与输入输出一般模式，农业生态系统中氮、磷和钾循环模式，农业生态系统养分循环的特点，维持系统养分平衡的措施。

第一节　农业生态系统的结构

　　农业生态系统（agroecosystem）是指人类利用农业生物和非生物环境之

间以及农业生物种群之间的相互关系,构建合理的生态结构和机能,在人工调节和控制下进行能量转化和物质循环,并按人类社会需要进行物质生产的综合体。农业生态系统是一种被人类驯化了的生态系统,其发育演替过程不仅受自然条件的制约,还受人类活动的影响,不仅受自然生态规律的支配,还受社会经济规律的支配。农业生态系统是人类通过社会资源对自然资源进行利用和加工而形成的生态系统,农业发展策略与技术措施对农业生态系统有强烈和深远的影响。根据生产项目,农业生态系统可以分为农田生态系统、林业生态系统、渔业生态系统、牧业生态系统、农牧生态系统、林牧生态系统。

农业生态系统的结构是指农业生态系统组分在空间、时间上的配置及组分间能物流的联系。农业生态系统的结构包括组分结构、营养结构、空间结构、时间结构,以及这些生物组分与环境组分构成的格局。

一、农业生态系统的组分结构

(一)组分结构的概念

农业生态系统的组分结构(components structure)是指农、林、牧、副(加工)、渔各业之间的量比关系,以及各业内部的物种组成及量比关系。各业的物种可以是植物,如乔木、灌木、藤本、草本等,它们均属于初级生产者;也可以是动物,如畜、禽、鱼、虫等,它们都为次级生产者;还可以是微生物,如真菌、细菌、放线菌等,它们是物质的转化和分解者。农业生态系统组分结构的定量描述,通常采用各业用地面积占总土地面积的比例,或各业产值占总产值的比例,以及各业产出的生物能量占系统生物能总产出量的比例,或各业蛋白质生产量占系统蛋白质生产总量的比例来表示。

(二)组分结构的主要类型

1. 种植业与养殖业相结合的组分结构

种植业与养殖业相结合的类型多种多样,二者可以通过一定的生产技术,在不同土地单元里实现,也可以在相同土地单元里实现。例如把饲料作物(玉米、大豆、苜蓿、黑麦草等)种植与养猪、养牛、养鸡、养鹅、养鱼结合起来,将作物秸秆用于喂饲动物,将动物粪便用于肥田。

2. 种植业与林业相结合的组分结构

以农林间作、林药间作等结合方式最为常见。农林间作在我国有许多成功的模式,如沿海农田防护林,河南、安徽的桐农间作,河北的枣农间作,江苏的稻麦与池杉间作,热带地区的胶茶间作、桉树与菠萝间作等。这种模式已实现多级生产,形成了稳定高效的复合循环生态体系。

3. 种植业与渔业相结合的组分结构

将农作物种植业和渔业有机地结合起来,充分高效利用各种资源,从而提高综合效益。如基塘系统模式、稻田养鱼(虾、蟹)技术等。在稻田里养鱼在亚洲有着悠久的历史。目前在全球的以下几个国家仍在实行:埃及、印度、印度尼西亚、泰国、越南、菲律宾、孟加拉国和马来西亚。稻鱼共养体系在中国南部已保持了 1 200 多年。

4. 养殖业与渔业相结合的组分结构

在养殖业与渔业的结合方面,有鱼塘养鸭技术、塘边养猪技术等。利用鲜禽粪作为养鱼的肥料和饲料,直接投喂养鱼,或者将干禽粪作为鱼配合饲料的重要组成部分。

5. 大农业的组分结构

大农业是指种植业、林业、牧业、渔业及其延伸的农产品加工业、农产品贸易与服务业等密切联系和协同作用的耦合体,表现为各业间的相互关联与互补作用和农、林、牧、副、渔业的一体化,大农业是建立农业循环经济产业链的基础,但大农业的组分结构比较复杂,可以借鉴的模式少,因地制宜地进行各业的组合是构建农业生态系统组分结构的可行途径。

二、农业生态系统的营养结构

(一)食物链

生态系统中的各种成分之间最主要的联系是通过营养关系来实现的,即通过营养关系把生物与非生物、生产者与消费者连成一个整体。生物之间通过取食与被取食的关系所形成的链状结构称为食物链(food chain)。

(二)食物链的结构

食物链的结构类型众多。农业生态系统的食物链结构主要有两种:一是以养殖业为中心的食物链结构;二是种养结合的食物链结构。

1. 以养殖业为中心的食物链结构

采用鸡粪喂猪,猪粪养蝇蛆,蝇蛆喂鸡,剩余猪粪和鸡粪施入农田循环利用的结构。苍蝇以腐败废弃物为食料,产卵多,生长快,1 只雌蝇 1 次产卵少的几十粒,多的 200 余粒。如果食料充足,苍蝇一年可繁殖 25~30 代,从孵化到幼虫长大,只需 4 天时间。蝇蛆营养丰富,含粗蛋白 59.39%~65.43%,脂肪 10.55%~12.61%,钙 0.47%~0.71%,磷 1.71%~2.52%,并有 18 种氨基酸。所以,蝇蛆是一种优良的蛋白质饲料。每只鸡每天喂 10 克蝇蛆,可使鸡的产蛋率提高

10.1%,每1千克蛋可节省饲料0.4千克。

2.种养结合的食物链结构

养鱼和种植饲草相结合是目前渔农综合养殖中最普遍的一种方式,即种植饲料作物来饲养草食性鱼类。养鱼的饲料作物包括水生作物(如绿萍、苦菜、水浮莲、水花生等),也包括陆生作物(如象草、苏丹草、稗草、狗尾草、狼尾草、紫花苜蓿)等。饲草可直接被鱼类食用,也可以青绿有机肥形式培育水体肥力,增加水体浮游植物和浮游动物,从而肥水。另外,也可将饲草打成细草浆喂鱼苗。

3.农业废弃物资源化利用的腐生食物链结构

农村沼气工程把农业和农村产生的秸秆、人畜粪便等有机废弃物转变为有用的资源,进行综合利用,有助于提高农村的有机废弃物的利用率,改善环境卫生,提高环境质量。主要模式有:三结合,如沼气池—猪舍—果园、沼气池—猪舍—鱼塘、沼气池—牛舍—果园、沼气池—禽舍—日光温室;四结合,如沼气池—猪禽舍—厕所—日光温室(或果园、鱼塘、大田种植等)模式。其中,比较成功的模式有南方的畜—沼—果模式,北方的四位一体(养猪—沼气—种菜—温室)模式。

三、农业生态系统的空间结构

农业生态系统的空间结构(space structure)是指生物群落在空间上的水平和垂直格局变化,构成空间三维结构。

(一)农业生态系统的水平结构

农业生态系统的水平结构(horizontal structure)指一定的区域内,各种农业生物类群在水平空间上的结合与分布,即由农田、人工草地、林地、池塘等类型的景观单元所组成的农业景观结构。

1.农业景观与农业生态系统的水平结构

景观是由相互作用的板块或生态系统组成的具有高度空间异质性的区域,具有明显的边界。农业景观可以由大小几亩到几百亩农田的景观单元组成,也可以由农、林、牧、渔各业相结合的耕地、林地、人工草地、池塘等多类型的景观单元组成。除农田、牧场、林地、村落外,河流、湖泊、山脉、交通也是农业景观的组成单元。农业景观多样性展现出农业生态系统的水平结构基本轮廓,是农业生物栖息地、生物群落和生态学过程的多样化的表现。

2.地理环境与农业生态系统的水平结构

(1)流域位置变化形成的水平结构。在一个流域内,自上游至下游,海拔高度由高至低,坡降由大到小,在重力作用下,由于水的下迁运动,水土环境发生变化,从而对农田种植结构和作物产量产生影响,呈现一定的水平结构。流域上游的山地丘陵区坡陡,土壤水养分在重力作用下向低处运动,生态环境干旱贫瘠,生产力低。下游平原区土壤水养分大量积累,往往造成土壤盐渍化,不利于生产力提高。中游平原区的土壤水养分适中,生态环境良好,农田生产力高,适宜农业生产。

（2）地形变化形成的水平结构。在丘陵地区,由于地形起伏,从丘陵的坡顶到坡腰、坡脚,土壤水养分状况及小气候产生梯度变化,引起农业生态系统的水平结构表现出规律性变化。例如福建的永泰、闽清等丘陵地区,坡顶种植常绿阔叶林,坡腰种植香蕉、橄榄、李、梅等果树,村落则建在坡脚,村落前后的旱地种蔬菜瓜果,水田种植水稻、莲藕,洼地挖筑鱼塘养鱼,河堤放牧,农业生态系统随地形变化呈现一定的水平结构。

3. 农业区位与农业生态系统的水平结构

1926 年,德国学者杜能出版了《孤立国对于农业及国民经济之关系》一书。杜能假设这样一个与世隔绝的孤立国:① 在农业自然条件一致的平原上,农产品能够实现销售的唯一市场是中心城市;② 农产品的唯一运输工具是马车;③ 农产品的运费与重量及运输距离成正比;④ 农作物的经营以获取最大利润为目的。根据这样的假设,杜能为孤立国推断出围绕中心城市的 6 个同心圈层,每个圈层分别有不同的最适农业生产结构。农业生产方式的空间配置方式为:以城市为中心,由里向外依次为自由式农业、林业、轮作式农业、谷草式农业、三圃式农业、畜牧业这样的同心圆结构(见图 4-1)。

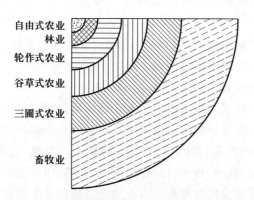

图 4-1　杜能圈形成机制与圈层结构示意图

第一圈,自由式农业圈。为最近的城市农业地带,主要生产易腐难运的产品,如蔬菜、鲜奶。由于运输工具为马车,速度慢,且缺乏冷藏技术,因此需要新鲜时消费的蔬菜、不便运输的果品(如草莓等),以及易腐产品(如鲜奶等)等就在距城市最近处生产,形成自由式农业圈。本圈大小由城市人口规模所决定的消费量大小而决定。

第二圈,林业圈。供给城市用的薪材、建筑用材、木炭等,由于重量和体积均较大,从经济角度必须在城市近处(第二圈)种植。

第三圈,轮作式农业圈。没有休闲地,在所有耕地上种植农作物,以谷物(麦类)和饲料作物(马铃薯、豌豆等)的轮作为主要特色。

第四圈,谷草式农业圈。为谷物(麦类)、牧草、休耕轮作地带。

第五圈,三圃式农业圈。此圈是距城市最远的谷作农业圈,也是最粗放的谷作农业圈。三圃式农业将农家近处的每一块地分为三区:第一区黑麦,第二区大麦,第三区休闲。三区轮作,即为三圃式轮作制度。远离农家的地方则作为永久牧场。本农业圈内全部耕地中仅有 24% 为谷物种植面积。

第六圈,畜牧业圈。此圈是杜能圈的最外圈,生产谷麦作物仅用于自给,而生产牧草用于养畜,以畜产品如黄油、奶酪等供应城市市场。据杜能计算,本圈层位于距城市 51~80 千米处。此圈之外,地租为零,则为无人利用的荒地。

杜能的农业圈理论说明了农业布局不但取决于自然条件,而且取决于与城市的距离。

(二)农业生态系统的垂直结构

农业生态系统的垂直结构(vertical structure)指农业生物类群在同一土地单元内,垂直空间上的组合与分布。在垂直方向上,环境因子因地理高度、水体深度、土壤深度和生物群落高度而产生相应的垂直梯度,如温度的高度梯度、光照的水深梯度。人们仿照自然生物群落的成层性,利用形态上、生态上、生理上不同的农业生物类群组建复合群体,实行高矮相间的立体种植或深浅结合的立体养殖,以及种养结合的立体种养方式,形成了多种多样的人工立体结构。

1. 林农间作的垂直结构

(1)枣粮间作。枣粮间作是根据枣树与间作作物的不同生物学特性和共生原理,利用生长过程中的时间差和空间差,合理配置,组成前后交错、上下分层的农林复合型耕作模式。在华北有着广泛的分布,在盐碱、干旱等贫瘠土壤条件地区的生态环境建设中具有十分重要的生态意义。研究表明,枣粮间作复合系统的生态因子实现了互补效应,作物冠层光照强度随枣树生长期而变化,调节了空气温度,提高了空气湿度和减少了土壤水分蒸发,单位面积枣粮间作田比纯粮田收入高 2~6 倍,粮食增产 10% 以上。枣粮间作可以降低气温 1.2 ℃～5.8 ℃,空气相对湿度提高 0.5%～11.3%,土壤含水量提高 4.5%～5.1%,蒸发量降低 8.0%～44.7%,降低风速 20.9%～62.1%,减少风害,枣粮间作能够降低土壤的盐碱程度,减少雨水对地面的直接击溅、冲刷,有效地保持水土。此外,枣粮间作相较单一种植能提高土壤不同层次的氮、磷、钾养分含量和利用效率。

(2)桐粮间作。在我国华北平原农区的桐粮间作比较普遍,以河南、山东面积较大。桐粮间作把原来种植农作物或林木的单一结构改变为立体的种植结构。泡桐根系主要分布在40厘米以下的土壤中,占总根量的90%左右,且上层根幅较窄,大都分布于距树干2米的范围内,间作的小麦、芍药、大蒜、玉米、红薯、烟草等农作物的根系则主要分布于表层土壤,泡桐和农作物可分层利用土壤中的水分和养分。泡桐展叶晚,树冠较稀疏。华北平原泡桐4月中下旬展初叶,5月下旬成叶,一般不会影响小麦等夏收作物前期所需的光照。泡桐与农作物所组成的立体群落结构,能够改善小气候环境,降低风速21%~52%,减少蒸发15%~34%,提高空气相对湿度10%~20%,增加土壤含水量5%~30%,从而有效地减轻干旱、风沙对作物的危害作用,增加粮食产量。据测算,结构合理的桐粮间作,其小麦、玉米、谷子等作物的产量比非间作区增加5%~10%。

(3)胶茶间作。在我国海南、云南、广东等热带地区,常采用多层次的立体种植模式,充分利用空间,如胶茶、胶药、胶椒等人工群落。胶茶间作模式中,第一层为橡胶,橡胶树为典型的热带乔木,喜光、喜温,占据上层空间,进行充分的光合作用,第二层为同时在下层形成了较阴湿的环境,这种生态环境正适宜耐阴、喜温、好湿的茶树的生长。胶茶群落中,茶树对辐射能的利用率比单一胶园高3.8%,比单一茶园高7%。胶茶间作的土地利用率提高了50%~70%。胶茶群落有利于提高茶叶产量和改善茶叶品质。据海南农场调查,胶茶群落中的茶叶产量相较纯茶园提高幅度平均达43.4%。在影响茶叶品质的6个主要指标中,除氨基酸含量比纯茶园中的稍低外,茶多酚、咖啡碱、儿茶素、水浸出物等或多或少高于纯茶园茶叶的含量,而粗纤维的含量则稍低。胶茶间作还能减少冻害,增加茶叶害虫小绿叶蝉的天敌蜘蛛的数量,降低病害。同时胶茶群落由于层次增加,能明显降低风速、减缓雨水冲刷,减少水土流失,提高土壤的肥力,提高产量。

(4)林药间作。许多药用植物喜阴凉、湿润的环境,通过林药间作,林木可为药材提供荫蔽的生长环境,以防夏季烈日高温伤害。林药间作可促进林木生长,降低成本,增加收益。福建的杉木林间种砂仁、山苍子,四川的杉木、杜仲、黄柏、厚朴与黄连间作复合经营,安徽淮北地区泡桐树下间种的白术,三年生泡桐林下间种板蓝根,河南林下间种金银花等均取得成功。此外,南方丘陵山区的杉木、桐树林内间作黄连、魔芋、天麻、砂仁、三七、益智、肉桂等,华北平原农区的泡桐树下间种芍药、橘梗、天麻、贝母、板蓝根、天南星、金银花等,东北林区的杉树、松树、椴树等间种人参、细辛、橘梗、贝母等,"三北"农牧区的胡杨林下间种甘草等都取得了很好的经济效益。

2. 农作物间作的垂直结构

（1）同一作物不同品种的间作。利用同一作物不同品种的抗性差异进行互补间作，如不同品种的水稻混栽模式和小麦混栽模式。1996年，云南农业大学朱有勇教授与国际水稻研究所等单位提出了利用生物多样性持续控制水稻病害的研究。利用传统地方品种和现代杂交稻品种多样性混栽控制稻瘟病取得了重大突破，在云南省，两年4 154公顷水稻混播试验是世界上最大的混种试验之一。比起单播，混种将稻瘟病严重程度降低了94%，同时增产89%。

（2）不同农作物间作。在作物种植业中，将不同株高、不同根深和不同营养特性的作物相搭配，实行合理的间作，可以充分利用土地、光照、水分和养分等资源，减少竞争、强化互补功能，提高土地利用率和单位面积产量，同时利用生物之间的互补可减轻病虫害。如玉米与大豆间作，间作总的产量比玉米单作增产13.1%～16.6%，比大豆单作增产20.6%～38.3%。又如麦棉间作可减少病虫害，增加作物产量。据研究，麦棉间作有利于瓢虫由麦株向棉株转移，抑制棉蚜危害，减少农药用量，节省劳力。麦棉间作再套绿肥，一般每公顷农田可收小麦3 000千克、鲜绿肥10 000～15 000千克、皮棉750千克以上。

3. 立体种养的垂直结构

（1）稻田养鱼。我国是世界上稻田养鱼面积最大的国家，稻田养鱼是我国一种传统的生态农业模式。1990年，全国稻田养鱼的面积达70万公顷以上，主要分布在四川、湖南、江西、江苏、广东、广西、贵州等20多个省区。稻田养鱼具有除虫、控草保肥、壮苗抗病、松土通气和增产的作用。利用放养于稻田中的鱼类，能取食大量的杂草、浮游植物、浮游动物和光合细菌，还能吞食落在水面的稻飞虱、叶蝉、螟虫等水稻害虫，将它们储存的能量转化为营养丰富的鱼产品，稻田养鱼可以吃掉50%的害虫，对稻田福寿螺的控制率达90%，既减少农药用量又节省开支和劳力。在水稻齐穗期，养鱼田杂草量调查表明，每667平方米养鱼田比对照田减少杂草133.4千克。同时鱼在稻田中搅动，能疏松土壤，增加稻田氧气，有利于有机物的分解，促进水稻根系的呼吸和发育。鱼类的粪便和排泄物又可以作为水稻的肥料，增加稻田土壤的养分含量。据彭廷柏等报道，稻田养鱼两年后土壤有机质比对照田增加0.32%，全氮、全磷分别增加0.05%、0.006%，速效氮、速效钾分别增加0.70%、3.10%。鱼的粪便回田，起到了肥田作用，对土壤有机质含量的增加最为显著。一般稻田养鱼可使水稻增产10%左右，最高可增产40%，每公顷稻田可生产鱼1 500千克左右。

（2）稻田养鸭。稻田养鸭是一种人造共生系统，利用了动物与植物间的共生互利关系,利用鸭的杂食性特点,以鸭捕食害虫代替农药治虫,以鸭采食杂草代替除草剂,以鸭粪作为有机肥代替部分化肥,从而实现以鸭代替人工为水稻"防病、治虫、施肥、中耕、除草"等目的。稻田养鸭技术在浙江、江西、江苏、湖南、安徽、云南、四川、广东等省发展迅速。

(3)稻萍鱼。稻萍鱼是一种多层次、高效益的立体种养农业结构,是一项有效的农业增产增收措施,已形成比较稳定的配套技术,在福建、四川、湖南、广西、浙江等省区有较大分布。稻田采用垄作,垄上栽培水稻,水面放养红萍,水体养鱼,形成稻萍鱼立体结构。上层稻株为萍、鱼提供良好的生长环境;中层红萍可富集钾素营养、固氮,还能抑制杂草生长,同时为鱼类提供优良饲料;下层鱼类游动可松土、保肥、增氧、除虫等。这种方式充分利用了稻萍鱼的互利合作关系,并根据它们的空间生态位和营养生态位,巧妙地结合在一起,从而提高了稻田的物质、能量利用率和转化率,具有明显的经济效益、生态效益和社会效益。

(4)基塘系统。基塘系统的种养结合、水陆交互作用,具备多种生态经济功能,是我国珠江三角洲、江浙一带和其他水网地区重要的农业生态系统模式和生态景观。根据基面种植作物的不同,可分为桑基鱼塘、蔗基鱼塘、果基鱼塘、花基鱼塘和杂基鱼塘。桑基鱼塘的生产方式是:蚕沙(蚕粪)喂鱼,塘泥肥桑,栽桑、养蚕、养鱼三者有机结合,形成桑、蚕、鱼、泥互相依存、互相促进的良性循环,避免了洼地水涝之患,营造了十分理想的生态环境,取得了理想的经济效益,同时减少了环境污染。蔗基鱼塘与桑基鱼塘相似,食物链略微简单。即在基面上种甘蔗,蔗叶、蔗尾和蔗渣投入鱼塘喂鱼,塘泥肥蔗,促进甘蔗生长、保水抗旱。果基鱼塘是把低洼的土地挖深为塘养鱼,堆土筑基,填高地势,相对降低地下水位来种植果树(如香蕉、荔枝、柑橘、龙眼等)。果基鱼塘种植的果树对防御南方夏季的台风袭击,冬季防寒,以及防止塘基崩塌起着重要作用。但后来随着市场需求的变化,不少地区的果基鱼塘逐渐演变为鱼塘里养鱼、塘基上种桑树的桑基鱼塘。花基鱼塘即在基面上种花。一种是将花直接种在基面上,如茉莉、月季等,另一种是将盆栽花卉摆在基面上,用塘水灌溉。花基鱼塘的花卉矮小,不会遮挡鱼塘阳光,有利于鱼塘鱼的生长,但花基鱼塘费工费时,成本也高。杂基鱼塘在基面种植的作物品种较多。可以种植经济作物、粮食、蔬菜、饲料作物和牧草等,也可以同时种植多种作物,或与畜禽养殖结合,基面种植饲料养殖畜禽,畜禽粪便肥塘,塘泥肥基。近年来,江苏省沿海滩地又开发出草基鱼塘和粮基鱼塘以改良滨海地区的盐碱土壤,具有较高的环境效益和经济效益。

4. 水体立体养殖的垂直结构

(1)分层养鱼。不同鱼类的食性和栖息习性存在差异。例如,鲢、鳙主要栖息于水体的上层,以浮游植物和浮游动物为食;草鱼、鳊、鲂栖息水体中层,主要以草类,如浮萍、水草、陆草、蔬菜和菜叶等为食,鲤、鲫栖居水体底层,主要以螺等底栖动物和有机碎屑等杂物为食。利用鱼类的习性差异进行立体混养可以充分利用水体空间和饵料资源,可使鱼产量提高 20%~40%。但这种混合养殖应注意在混养时,在同一个水层一般选择一种鱼类,混养的密度、不同鱼类的搭配比例和鱼塘条件相匹配,鱼塘水位的管理、饵料的投放要与鱼塘混养的鱼群相适应,以免影响各层鱼类的协调生长。类似分层养鱼,有些人在浅海水域进行搭架养殖,上层养殖紫菜,中层养殖海带,下层养殖贻贝,充分利用水体空间。

(2)鱼蚌混养。在鱼塘、河沟或水库养蚌育珠在我国的水产养殖业中具有悠久的历史。养殖水体中的蓝藻在盛夏初秋天气炎热时,快速生长,常常漂浮在水面,形成绿色的水花,但蓝藻不能被蚌消化吸收。藻类死亡后,产生有毒的羟胺、硫化氢,以及藻体腐烂消耗水中大量氧气,易引起蚌的疾病和死亡。在鱼塘中搭养花鲢、白鲢等鱼类可防止蓝藻的暴发,降低养蚌的风险,提高蚌塘的综合经济效益。目前在我国众多的鱼塘、河流和湖泊进行的珍珠养殖,也采取鱼蚌混养的模式,即在传统水产养殖的基础上,在养殖水体里吊养三角帆蚌,可额外收获珍珠,这种模式在江苏、浙江、湖北、安徽等地均取得成功,一般鱼塘结合育珠,平均每公顷一年可收珍珠 7.5~15 千克,收入相当可观。

5. 渔牧结构

渔牧结构主要是指在基塘系统的基础上,在池塘的水面养鸭,水中养鱼,鸭粪作为鱼饵料,鸭在水中游动,增加水的溶解氧,塘泥肥基等渔牧结合模式。也有些人将猪舍建在池塘岸边,实行猪—鸭—鱼联养,还有鱼鸭、猪、鸡、鹅等混养。水面养鸭、养鹅,水下养鱼;塘边圈养蛋鸭、蛋鹅,以配合饲料养禽;或在鱼塘旁边建猪舍、鸡舍。将畜禽的废弃物,包括粪尿、残剩的饲料等排入鱼塘,可培养浮游生物或直接作为鱼的饲料,使养畜养禽的饲料得到多层次利用。浙江余姚市陆埠镇浙东白鹅养殖基地开展"鹅—鱼—果—草"立体生态养殖模式,形成了地种牧草、牧草养鹅喂鱼、鹅粪养鱼肥地,利用鹅粪产生沼气,用沼气育雏鹅及照明、煮饭,沼气渣肥果树的渔牧结合、种养结合的循环生产链,实现了养殖基地减少环境污染,多产鹅、多产鱼、多产果的"一多三少"的产业发展效果,取得良好的经济效益。

6. 畜禽立体养殖

畜禽立体养殖是运用生态学原理及畜禽生理特性,多层次地开发利用生物能,以降低饲养成本、提高养殖效益的养殖模式。分层立体养殖可以充分利用空间,节约棚圈材料并综合利用废弃物而设计的空间立体养殖。如新疆米泉种猪场利用育肥猪舍的上层空间笼养鸡,鸡笼距猪舍地面 1.5 米处,鸡粪落入猪舍食槽直接喂猪或将鸡粪收集发酵后做猪饲料。猪粪入沼气池进行发酵,将沼气用于发电,沼渣、沼液作为养鱼的饲料,或将沼渣、沼液直接注入鱼池,或将沼渣晒干掺入其他原料制作成鱼的颗粒饵料喂鱼,用沼液浇灌温室和塑料大棚的蔬菜,最后用养鱼池的肥水灌溉水稻。鸡—猪联养的效益是单纯养猪的 2~3 倍;鸡—猪—鱼联养的效益是单纯养猪的 4 倍,最重要的是可充分利用土地、水和饲料资源,减少畜禽粪便污染,提高土地的利用率和饲料转化率,降低养殖成本,提高单产,综合效益十分显著。

四、农业生态系统的时间结构

(一)时间结构的概念

时间结构(temporal structure)是指农业生物类群在时间上的分布与发展演替。农业生态系统的时间结构与环境条件的季节性和生物的生长发育规律密切相关。环境因素的变化规律在一个地区是相对稳定的,因此,根据各种生物的生长发育时期及其对环境条件的要求,选择搭配适当的物种,合理控制生长季节,实现周年生产,成为影响农业生态系统时间结构的主导因素。合理的物种搭配,如长短生育期搭配,早、中、晚品种搭配,喜光作物与耐阴作物时序交错,籽粒作物和叶类、块根类作物交错,绿色生物与非绿色生物交错可以充分利用各地的环境因素。合理的生长调控,如延长季节、化学催熟、假植移栽,养鱼采用分期投放、分批捕捞,实现周年养鱼,也是得益于巧妙的时间结构。

(二)时间结构的调节利用

充分利用生物群落的时序差异,合理安排作物茬口是农业生态系统时间结构调节的核心。农业生态系统时间结构调节利用的主要方式有套作、轮作、轮养和套养等。

1. 套作

套作(relay intercropping)是将不同物种的不同生育时期安排在同一地块,按其生育特点嵌合在一起,充分利用空间、养分等资源,扩大产出。小麦、玉米、棉等作物常常通过套作、间套作的方式增加产量。

(1)麦棉套作。在豫东、豫西南、鲁西南和鲁西北、冀东南植棉区较常见。麦棉套作通常采用东西向行向配置,有利于提高麦棉共生长期、棉行透光率,改善后期棉田透光状况。种植方法以 3—1 式(1 米一带)效果较好,即种植 3 行小麦套种 1 行棉花。小麦的行距是 17~20 厘米,预留棉行 60~65 厘米,麦棉间距 30~33 厘米,麦收后棉花行距为 1 米。小麦棉花套作解决了棉粮争地问题,比单种棉花增产 10%～15%,已成为黄河流域棉区棉花大田生产的主要种植方式。种植时,小麦应选早熟、矮秆、抗倒伏、耐水肥并且抗逆性比较好的品种,棉花应选适应性好的、抗逆性强的、株型比较紧凑的、增产潜力大的品种。麦棉套作有利于棉花根际与非根际土壤细菌的增殖,增强了微生物活性,明显提高棉花土壤全氮、有效磷、速效钾含量,起到种间营养补偿效应。麦棉套作有利于充分利用光、热资源,提高土地的利用率。

(2) 小麦玉米套作。小麦与玉米是我国华北地区主要的栽培作物,在小麦收获前 15～20 日将玉米套播在小麦行间,这样可以利用小麦的遮阴挡风作用,使玉米提早出苗,延长了玉米的生长季,满足了玉米高产对生育期和光热的要求,满足了玉米各生育阶段需温、需水的要求。通过套种满足了单株的营养面积和通风透光的要求。小麦玉米套作充分利用两茬作物之间的时间空隙,也相应地提早收获玉米,保证下茬小麦的适时播种。

(3) 粮瓜菜间套作。蔬菜种类繁多,进行套种的选择范围较大。有的蔬菜生育期短,有的植株矮小,有的可随时收获,这为进一步进行粮瓜菜间套作、集约化利用耕地提供了可能。如河北省南部地区采用小麦、菠菜、番茄、大白菜四种四收的结构类型。头年 9 月中旬播种冬小麦,入冬前在垄背上种菠菜,第二年小麦拔节前收菠菜,6 月上旬又在垄背上定植番茄,小麦收获后,又在麦茬上种植大白菜。这样,每公顷收小麦 4 500 千克、菠菜 5 250 千克、番茄 2 550 千克、大白菜 75 000 千克,经济效益明显提高。

(4) 果农套作。果农套作在丘陵地区比较常见。南方果园建设初期基本上采用这种方式进行生产。例如在荔枝、龙眼、芒果、菠萝、柑橘等果树幼龄期间,树体较小,空地较多,果树套作农作物,可以充分利用光能和土地空间,这段时间一般套种生长期短的一年生作物,待果树长成后,即可形成果园,不仅保持水土,还能提高土壤肥力。北方地区可以在枣树、柿子、苹果、梨、葡萄等的幼龄果园里套作农作物。不同地区可以选择的间作作物有小麦、谷子、花生、油菜、紫云英、豆类、甘薯、瓜、蔬菜、绿肥、牧草等。

2. 轮作

轮作(rotation)就是在同一块田地上,按预定的种植计划,轮换种植不同的作物。连作指在同一块地上长期连年种植一种作物。许多作物在连作时生长严重受阻,植株矮小,发育异常,病、虫、草害发生严重,产量显著下降。例如茄科的马铃薯、烟草、番茄,葫芦科的西瓜及亚麻、甜菜,连作障碍十分明显。作物连作可使作物病、虫、草害周而复始地恶性循环,如黄瓜的霜霉病、根腐病、跗线螨;番茄病毒病、晚疫病,辣椒的青枯病、立枯病等。而轮作可以改变原有的食物链,利用前茬作物根系分泌的灭菌素,抑制后茬作物上病、虫、草害的发生,如甜菜、胡萝卜、洋葱、大蒜等的根系分泌物可抑制马铃薯晚疫病发生,小麦根系的分泌物可以抑制茅草的生长,从而提高作物产量。轮作还可以均衡利用土壤中的矿质元素,防止土壤中营养物质偏耗而造成土壤肥力的枯竭,把用地和养地结合起来,改善农田生态条件,改善土壤理化特性,增加生物多样性。

(1)水旱轮作。水旱轮作是指在同一田块上有序地轮换种植水稻和旱地作物的一种种植方式。水旱轮作是我国主要的作物生产系统之一,主要分布在江苏、浙江、湖北、安徽、四川、重庆、云南、贵州等省市。轮作类型繁多。根据旱地作物不同,水旱轮作的主要种植方式包括水稻—小麦、水稻—油菜、水稻—绿肥、水稻—蔬菜、水稻—马铃薯、水稻—棉花、水稻—烟草、水稻—豆类、水稻—甘蔗及水稻—饲料等。

(2)旱地轮作。一年一熟或一年多熟的旱地轮作模式在我国北方少雨地区极为常见。旱地轮作可提高水分利用效率。在半干旱地区比较适宜的轮作方式有:小麦—豌豆—小麦、春玉米—豌豆—小麦;在半干旱偏湿地区比较适宜的轮作方式有:小麦—油菜—小麦、小麦—大豆—豌豆—小麦;在半湿润易旱地区比较适宜的轮作方式有:小麦—大豆(玉米)—小麦—大豆(玉米)、小麦—夏大豆—春玉米—小麦等。特别值得一提的是,豌豆、扁豆等生育期、耗水量短、小的豆科作物,对维持系统水分平衡和种植业的可持续发展起到了十分重要的作用。

(3)作物轮作。如太湖流域的粮食作物与绿肥作物轮作,一般在夏熟作物(大麦、小麦等)收获后耕翻土壤种植秋熟水稻,水稻收获前在稻田播种冬绿肥,第二年绿肥收完后种植水稻,稻收后再种麦类作物,形成两年三熟,两年一轮。湖南的豆稻轮作,春天播种春大豆,大豆收获后种植晚稻,晚稻收割后耕翻土壤,冬闲冻垡。这种轮作,一方面可以使土地得到休闲,通过冬天的冻土晒垡,改善土壤的理化性状,增强好气性微生物的活动能力,加速土壤有机质的分解;另外,大豆根瘤菌的固氮作用可使每公顷土壤增加有效氮素 100~150 千克,相当于每公顷增施硫酸铵 480~720 千克,从而促进农田养分平衡,减少化肥用量,提高稻谷产量。

(4)蔬菜作物轮作。蔬菜品种多,生长周期短,复种指数高,科学安排茬口,可恢复与提高土壤肥力,减轻病虫危害,增加产量,改善品质。实行蔬菜作物轮作,应充分利用土壤养分,如青菜、菠菜等叶菜类需氮肥较多,瓜类、番茄、辣椒等果菜类需要磷肥较多,马铃薯、山药等根茎类需要钾肥较多,把它们轮作栽培,可以充分利用土壤中的各种养分。考虑通过粮菜轮作、水旱轮作减轻病、虫、草害,控制土传病害,如种葱蒜类作物后种大白菜,可大大减轻软腐病的发生。同时应根据各种蔬菜对连作的反应不同合理确定轮作年限。例如,白菜、芹菜、花椰菜、葱、蒜等在没有严重发病地块可连作几茬;西瓜需隔1~2年后再种;马铃薯、山药、生姜、黄瓜、辣椒等则需隔2~3年再种;番茄、芋头、茄子、香瓜、豌豆等需隔3年以上。

3. 轮养和套养

在我国南方省区,不同品种对虾的多茬养殖和套养的比较常见。养殖的对虾品种有中国对虾、斑节对虾、长毛对虾、墨吉对虾、日本对虾、脊尾白虾、刀额新对虾、周氏新对虾、短沟对虾等。一般第一茬放养中国对虾,第二茬放养长毛对虾(或斑节对虾、日本对虾)。因中国对虾是黄海和渤海区的北方品种,对高温适应能力较差,特别是在东南沿海夏秋高温季节,易发生虾病而影响产量,因而采取提早放养(3月、4月)提前收捕(7月上中旬)。第二茬长毛对虾属南方品种,比中国对虾耐高温能力要强,抗病能力较好,养殖时间为7月至9月上旬。第三茬脊尾白虾是适温范围较广的品种,尤其是对低温的耐受能力强,能忍耐-3℃ 的低温,养殖时间为9月中下旬至翌年1月上旬,正好在春节期间上市。另外,每个品种收获后都经过清淤、消毒、施肥、培饵等操作,能使对虾长至4~5厘米,不需投饵,有利于最大限度利用太阳能和防治虾病发生,有效地降低了生产成本。

在我国北方草原,经常根据不同种类畜群的采食特性进行轮牧,如牛对牧草的要求是高大、多汁,而羊、马采食种类广泛,并善于采食短草、再生草、干草等。因此,常先放牧牛,然后放牧羊或马,这样可充分利用饲草资源,提高载畜量。

第二节　农业生态系统中的养分循环与平衡

一、农业生态系统养分循环与输入输出一般模式

生态系统中的物质(substance)是指系统中生物维持生命所必需的无机和有机物质,包括碳、氧和氮等几种大量元素及铜、锌和硼等多种微量元素。如果说能量是生态系统维持与运转的基本动力,那么物质就是生态系统存在的基本形式,物质通过重组与分解的不断循环执行着系统的能量流动、信息传递等载体功能。物质的循环因所经过的途径、循环中物质存在的形式等不同,在循环方式和特点上有所差异。农业生态系统中的物质循环因受人类活动的调控与干扰,同自然生态系统的循环又有明显不同,既存在物质循环效率提高的优点,也存在某些物质循环不畅等问题。了解农业生态系统中物质循环的规律及问

题,对分析系统的健康状况、保证系统功能的正常运转及对农业生态系统的结构优化有重要意义。

农业生物为了自身的生长、发育、繁殖必须从周围环境中吸收各种营养物质和能量。就生物所需要的物质来讲,主要有氮、氢、氧、碳等构成有机体的元素,还有钙、镁、磷、钾、钠、硫等大量元素以及铜、锌、锰、硼、钼、钴、铁、氟、碘等微量元素。生物及其他生产者从土壤中吸收水分和矿物营养,从空气中吸收二氧化碳并利用光能制造各种有机物,这些物质随着食物链或食物网从一种生物体中转移到另一种生物体中。在转移进程中未被利用及损失的物质又返回环境重新为植物所利用。

生物小循环的过程是指与生物接邻的环境(土壤、水、大气)中元素经生物体吸收,在生态系统中被生产者、各级消费者相继利用,然后经过分解者的作用,回到环境后,很快再为生产者吸收、利用的循环过程。对陆地生态系统而言,生物小循环一般只涉及土壤圈与生物圈,其中生物库又可分为植物亚库、动物亚库和微生物亚库,土壤库又可分为土壤有机亚库、土壤速效养分亚库和土壤矿物亚库。因微生物主要以土壤有机质为食,二者可视为一体。动植物生长所需要的养分是经由土壤→植物→动物→微生物→土壤的渠道而流动的。在大多数情况下,许多循环是多环的,某一个组分中的元素在循环中可通过不同途径进入另一个组分。

农业生态系统中植物亚库即为作物亚库,包括作物的地上和地下部分所含养分;动物亚库主要为畜禽亚库,由消费植物产品的动物所持有的养分组成,即活家畜体内所持养分,当畜产品出售时,作为通过系统边界的对外输出;农业生态系统中将人单独列为一个亚库;微生物亚库与土壤有机亚库为一体;土壤速效养分亚库与生物循环直接相关,是物质再循环的中转站。养分在上述亚库间流动,形成系统内生物小循环。

各种养分元素在各库之间完成一次循环所需要的时间长短不一。涉及微生物转移只需要若干分钟,对于一年生植物吸取土壤中养分进行生长需要几个月,对于大型动物来说需要几年。同时,养分在转移循环中流量与速度是不一样的。例如,植物在生长季节从土壤有效养分库中吸收的氮素,就比土壤有机残余库矿化的氮素数量要多得多,但在一年周期中,残余物矿化所持续的时间要比作物摄取养分的时间长得多。所以,从一年的总量来看,植物吸收和有机物矿化两个过程的转移量又是相当的。通常人们选定一年为时间标准来计算养分循环转移量。

农业生态系统尽管在人工强烈干预之下,但是养分实现完全的系统内的生物小循环也是很少见的。一部分养分或脱离小循环过程进入地质大循环,如以挥发、流失、淋溶等非生产的输出方式进入大气、水圈等储存库中,或以农、畜产品的目标产品的方式输出进入另一生态系统中。同时,有养分逆向进入该系统中。这种输入输出现象在各个库、亚库中均存在。各种养分因分属于气相型循环和沉积型循环,输入输出途径或方式有所不同,但总体上可以归纳出农业生态系统的养分循环一般模式(见图4-2)。

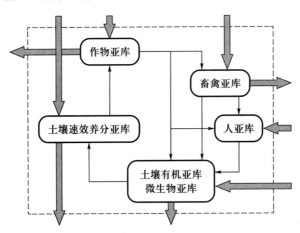

图4-2　农业生态系统的养分循环一般模式图

二、农业生态系统中氮素循环模式与平衡措施

(一)氮素循环与输入输出模式

陆地农业生态系统中,氮素通过不同途径进入土壤亚系统,在土壤中经各种转化和移动过程后,又按不同途径离开土壤亚系统,进入以作物亚系统为主的其他系统,形成了"土壤—生物—大气—水体"紧密联系的氮素循环。

归纳起来,一个陆地农业(农田)生态系统中氮素的流动大约可包括30条途径。除生物小循环的固定流以外,还有10条输入流(种苗、沉降、闪电固氮、生物固氮、化肥、风化、有机肥、食品、饲料及垫草)和10条输出流(农产品输出、残渣燃烧、厩肥氨挥发、畜产品输出、有机肥输出、淋溶、固定、径流、农田氨挥发、反硝化)。

(二)维持氮素系统平衡的措施

依据农业生态系统氮素循环与平衡的特点,目前农业生态系统中可采取以下针对性措施控制系统氮素无效输出,提高其循环效率:

(1)平衡施肥和测土施肥,充分发挥生物固氮的作用;

(2)改进施肥技术,包括分次施肥、氮肥深施,减少挥发损失;

(3) 施用缓效氮肥;

(4) 使用硝化抑制剂如脒基硫脲、双氰胺等;

(5) 合理灌溉、消除大水漫灌等方式造成的深层淋失;

(6) 防止水土流失和土壤侵蚀,消除和减少土壤耕层氮素的径流损失。

三、农业生态系统中磷与钾的循环模式与平衡措施

(一) 磷与钾素循环与输入输出模式

与氮素的气相型循环相比,属沉积型循环的磷与钾的生物小循环与输入输出模式相对简单,大体包括 24 条途径。除生物小循环的固定流外,还有 8 条输入系统的流(种苗、叶面喷施、化肥、风化、外源有机肥、食品、外源饲料及垫草)和 6 条输出系统的流(作物产品输出、畜产品输出、有机肥输出、淋溶、固定、侵蚀)。

(二) 维持磷与钾素系统平衡的措施

依据农业生态系统中磷的小循环及输出、输入特点,可以通过相应措施维持系统的磷平衡:① 重视有机磷的归还,保持土壤持续的磷的有效性与供应。② 减少土壤侵蚀;合理施肥,减少磷的固定,碱性土壤以施酸性肥料为宜,酸性土壤则适宜施用碱性肥料。③ 由于依靠风化难以满足作物对磷的需要,因此适当施用磷肥。

保持农田生态系统钾素的生物小循环效率,减少无效输出的核心是注重秸秆的还田。具体措施包括:① 尽量将作物秸秆还田及施用草木灰;② 适当种植绿肥,如富钾的十字花科、苋科植物水花生、红萍等;③ 通过土壤耕作等措施促使土壤中难溶性钾有效化;④ 因地制宜,合理施用钾肥,并注意工业废渣的利用;⑤ 合理施肥与灌水,减少淋溶。

四、农业生态系统养分循环的特点

农业生态系统是由森林、草原、沼泽等自然生态系统开垦而成的,在多年频繁的耕作、施肥、灌溉、种植与收获作物等人为措施的影响下,形成了不同于原有自然系统的养分循环特点:

(一) 养分输入率与输出率较高

随着作物收获及产品出售,大部分养分被带到系统之外。同时,有大量养分以肥料、饲料、种苗等形态被带回系统,使整个养分循环的开放程度较之自然系统大为提高。

(二) 库存量较低,但流量大、周转快

自然生态系统的地表有较稳定的枯枝落叶层以及土壤有机质的积累,形成

了较大的有机养分库,并在库存大体平衡的条件下,缓缓释放出有效态养分供植物吸收利用。农业生态系统在耕种条件下,有机养分库加速分解与消耗,库存量较自然生态系统大为减少,而分解加快,形成了较大的有效养分库,植物吸收量加大,整个土壤养分周转加快。

(三)保持能力弱,容易流失

农业生态系统有机库小,分解旺盛,有效态养分投入量多。同时,生物结构较自然系统大大简化,植物及地面有机物覆盖不充分,这些都使得大量有效态养分不能在系统内部及时吸收利用,而易于随水流失。

(四)养分供求不同步

自然生态系统养分有效化过程的强度随季节的温湿度变化而消长,自然植被对养分的需求与吸收也适应这种季节的变化,形成了供求同步协调的自然机制。农业生态系统的养分供求关系是受人为的种植、耕作、施肥、灌溉等措施影响的,供求的同步性差,是导致病虫害、倒伏、养分流失、高投低效的重要原因。

 复习思考题

1. 简述农业生态系统的基本结构。
2. 阐述农业生态系统中氮、磷和钾的循环模式与平衡措施。

即测即评

扫描二维码,做单项选择题,检验对本章内容的掌握程度。

参考文献

[1] 沈亨理.农业生态学.北京:中国农业出版社,1996.
[2] 廖允成,林文雄.农业生态学.北京:中国农业出版社,2011.
[3] 陈阜.农业生态学.北京:中国农业大学出版社,2001.

[4] 骆世明.农业生态学.北京:中国农业出版社,2009.

[5] 蒋海燕,于华云,王林如.玉米立体种植增产机理的研究.江西农业大学学报,2001,23(5):105-107.

[6] 乔发才.枣粮间作综合效益调查分析.水土保持应用技术,2008(4):48-49.

[7] 蒋艳萍,章家恩,朱可峰.稻田养鱼的生态效应研究进展.仲恺农业技术学院学报,2007,20(4):71-75.

[8] 禹盛苗,金千瑜,朱练峰,等.稻田养鸭密度对水稻产量和经济效益的影响.浙江农业科学,2008(1):68-71.

[9] 杨治平,刘小燕,黄璜,等.稻田养鸭对稻鸭复合系统中病、虫、草害及蜘蛛的影响.生态学报,2004,24(12):2756-2760.

[10] "稻—萍—鱼"立体种养增产增收机理及"五改"配套技术.中国稻米,2006(5):51-52.

[11] 孙敦立,马新明,姚向高,等.棉麦套作不同种植方式棉田生态效应分析.生态学杂志,1996,15(4):6-9.

[12] 黄国勤,熊云明,钱海燕,等.稻田轮作系统的生态学分析.生态学报,2006,26(4):1159-1163.

[13] 孟春香,唐玉霞,贾树龙.小麦玉米轮作种植绿肥与化肥配施技术.河北农业科学,1996(4):18-31.

[14] 杨改河,申云霞,杨玉秀.旱地轮作方式与水分生产效率研究.西北植物学报 1996,16(1):38-40.

[15] 徐斌,杨秀春,陶伟国.中国草原产草量遥感监测.生态学报,2007,27(2):405-413.

[16] 钟良平,邵明安,李玉山.农田生态系统生产力演变及驱动力.中国农业科学,2004,37(4):510-515.

[17] 徐继填,陈百明,张雪芹.中国生态系统生产力区划.地理学报,2001,56(4):401-408.

[18] 周广胜,袁文平,周莉,等.东北地区陆地生态系统生产力及其人口承载力分析.植物生态学报,2008,32(1):65-72.

[19] 王或,黄耀,张稳,等.中国农业植被净初级生产力模拟(Ⅱ)——模型的验证与净初级生产力估算.自然资源学报,2006,21(6):916-925.

[20] 潘希.我国须走生态高值农业之路.科学时报,2010-09-06(A1).

[21] 邱建军,王立刚.东北三省耕地土壤有机碳储量变化的模拟研究.中国农业科学,2004,37(8):1166-1171.

第五章　农业生产经营

本章学习目标

1. 掌握农业生产经营的概念与特点；
2. 了解农业生产经营体制的变迁；
3. 熟悉农业生产经营组织的类型及特点；
4. 了解农业生产安全质量管理存在的主要问题及其解决对策；
5. 了解我国农产品的主要流通方式及营销系统建设。

导　读

　　农业再生产是指农业生产周而复始、不断更新的过程，是自然再生产和经济再生产相交织的过程。农业经营管理体制的创新发展，为农业组织多元化创造了有利条件，为加快构建新型农业经营体系提供了保障。近年来，伴随城乡居民收入水平及生活质量的提升,人们对食物安全问题日益重视,如何保证从田间地头到餐桌上全流程的绝对安全,是摆在理论研究者与实践监管者面前的重大课题。现实中我国农产品质量安全管理存在哪些突出问题,应该如何解决?面对农产品流通领域新业态的出现,我国农产品流通模式与国外发达国家相比有哪些不同,应该如何调整?这些都是本章需要回答的问题。

第一节　农业生产经营概述

一、农业生产经营的含义

农业生产经营活动,是市场配置资源的活动,即生产经营者根据市场供求,将农业自然资源、农业环境、农业技术、农业经济、社会政治和人类劳动等因素组织起来,协同完成生产、交换、分配和消费四个环节相连的社会再生产过程,是实现扩大再生产的系统工程。

二、农业生产经营的特点

(一)自然再生产过程和经济再生产过程紧密交织

在农业经济再生产过程中,人们按照供、产、销的程序投入活劳动和物化劳动,以获取所需要的农产品的经济效益和社会效益。农业生产经营的实质,是人们利用农业生物和环境的自然再生产过程所进行的经济、技术和劳动等投入的经济再生产活动。农业自然再生产过程是农业经济再生产过程的基础,农业经济再生产过程影响和调节农业自然再生产过程,两者紧密交织在一起。这是农业生产经营的根本特点。

(二)根据市场供求变化来获取更多市场利润

第一,农业生产经营要实现产销平衡,根据市场需求,以适销对路为目标,生产高产、优质和高效的农产品。

第二,农产品的收获、上市具有季节性。农产品市场营销应根据其季节性,组织资金和人力,有效地安排旺季和淡季的购、销、运、储等工作。

第三,农产品具有生物学特性。农产品在购、销、运、储的过程中,易发生霉烂、陈化等现象。因此,农产品市场营销必须做好保鲜、保质等工作。

第四,农产品一般是初级产品。对其进行深度加工,能使农产品增值。

第五,农产品市场营销除应注重产品质量外,还应讲究包装、服务等工作,运用各种有效的促销手段,尽快将农产品推销出去,实现产品的价值,加快资金周转。

（三）农业是以土地为基础的产业

土地是农业生产经营最基本的不可替代的生产资料。经营农业,首先要经营土地,即占有土地和提高土地生产力。在土地单位面积产量和效益既定的条件下,农业产量、收益与土地面积成正比。土地是一种可永续利用的再生性资源,只要利用得当,不断追加投入,土地生产力就会不断提高。

（四）农业生产经营对其自然环境条件有着特殊的依赖性

自然环境条件存在地域差异。在不同的自然环境条件里,有着与其相适应的农业生物。因此,农业生产经营应符合地域分异规律,根据地域性的特点,发展地区市场,配置地域性生产资源,形成有地区特色的区域经济。

农业生产经营受自然条件的制约,易发生自然灾害,因此有着丰收年和歉收年之区别,具有风险灾害的特点。在同等劳动消耗的条件下,不同气候条件、不同年份,会有不同的劳动生产率。因此,农业生产经营必须预防并减轻农业自然灾害。

（五）农业生产经营的生产时间与劳动时间不一致

农业生产经营具有明显的季节性特点。因此,农业生产经营要根据季节要求配置生产资源,组织生产资料和劳动力。

农业生产经营的周期长,资金周转周期一般与农产品生产期相符合。所以,要合理配置农业生产经营项目,积极开展多种经营,加快资金周转速度,提高资金产出率。

农产品具有生活资料与生产资料的双重性。作为农用生产资料,农产品的质量直接影响下一个再生产过程农产品的数量和质量。因此,从事农业生产经营,应十分重视农产品的质量,实现高产、优质和高效的目标。

另外,农业生产经营还受社会、历史和经济等因素的影响。我国的国情是人多地少,加强农业,增产粮食,始终是农业生产经营的方向。

第二节 农业生产经营体制

一、我国农业生产经营体制的演变过程

土地是农业最基本的生产资料,农业生产经营体制是以土地制度为基础的

农业生产经营活动的各种实现形式的框架体系。农业生产经营体制的演变是伴随着我国土地制度变迁而发生的。一般可以分为以下几个阶段：

1. 农民土地所有制阶段（1949—1953 年）

1950 年 6 月颁布的《中华人民共和国土地改革法》，明确规定和阐述了土地改革的路线、方针和政策，并明确了土改的目的：废除地主阶级封建剥削的土地所有制，实行农民的土地所有制，借以解放农村生产力，发展农业生产，为新中国的工业开辟道路。随着土地改革的完成，农村的土地制度发生了根本性变革：农民土地所有制取代了封建地主土地所有制，从而真正实现了耕者有其田。该阶段土地所有权和经营权高度统一于农民，农民是土地所有者和经营者，土地产权可以自由流动，允许买卖、出租、交易。这有力地激发了广大农民的劳动积极性，农村生产力大大解放，农业生产得到了迅速恢复与发展。1952 年全国主要农产品产量显著增加，粮食比 1949 年增长 44.8%，比历史最高水平增加9.3%。

该阶段农业生产经营体制是在土地个人所有制基础上实行农户分户经营，但限于农民个体生产工具严重不足，生产资料、资金缺乏，以一家一户为单位的个体经营势单力薄，无力抵御农业生产中的各种自然灾害，以及更新生产设备、进行必要的农田水利设施建设。将农民组织起来，发展农民互助合作成为必要，农民互助合作运动在农村也慢慢兴起，但该运动是以不挫伤农民个体经营的积极性为前提开展的。

2. 合作和集体经营阶段（1953—1978 年）

1953 年，各地开始普遍试办实行土地入股、统一经营，并有较多数量的初级农业生产合作社成立。1953 年末，中央强调初级农业生产合作社正日益变成领导互助合作运动继续前进的重要环节。于是揭开了第二次农村土地改革的序幕。该阶段又可划分为两个时期：

（1）初级社阶段（1953—1956 年）。

在允许农民有小块自留地的情况下，社员土地必须交给农业合作社统一使用。合作社按社员入社土地的质量和数量，从每年的收入中付给农民适当的报酬。农民仍然拥有土地所有权，但土地入股分红是其经济上的基本形式。1956年 3 月通过的《农业生产合作社示范章程》，标志着全国基本实现了初级合作化。农业生产经营体制开始转向在土地个人所有制基础上进行联合经营。农民将土地等主要生产资料作股入社，由合作社实行统一经营。因此经营权已离开农民家庭，与农户初步分离，即所有权与经营权分离。在该阶段后期，毛泽东对实现农业社会主义改造的途径、步骤、方针、原则做了系统的论述，使合作化的发展速度越来越快，偏离了健康发展的轨道。

（2）高级社和人民公社阶段（1956—1978年）。

1956年秋，高级社开始在全国推行，农民私有的土地、耕畜、大型农具等主要生产资料以及土地上附属的私有塘、井等水利设施，被一起转为合作社集体所有。高级社废除了土地私有制，使土地由农民所有转变为农业合作社集体所有。所有权与经营权统一归于合作社，农户家庭经营主体地位被农业基层经营组织与基本经营单位取代。这一重大变革，标志着农民土地私有制改造的成功与农民集体所有制的确立。由于强大的政治压力和群众的盲目热情，在短短的一年时间内，农业初级社就全部过渡到高级社，这一做法在一定程度上挫伤了农民的积极性，使得农业生产虽然有所增长，但速度却有所下降。

1958年，为扩大规模经营，中央实行"小社并大社"，进而又推行"政社合一"的人民公社制，我国农村开始实行"三级所有，队为基础"的体制，确定了农村土地以生产队为基本所有单位的制度。公社对土地统一规划，组织生产，分配上是平均主义。农业生产经营体制也从"土地个人所有为基础的合作经营"演变为"土地公有制基础上进一步集中经营规模"。由于公有化的程度越来越高，这一阶段土地经营使用权完全掌握在政社合一的人民公社手中。由于其生产的大呼隆、分配的平均主义，农民的积极性受到严重伤害，农村经济的发展受到约束。直到1978年，全国平均每人占有的粮食大体上仍相当于1957年的水平。

3. 家庭承包经营阶段（1978年至今）

"文化大革命"结束后，中国经济开始发生转变。特别是十一届三中全会后，改革开放开始成为中国经济发展的主旋律。经济改革始于农村，核心就是土地政策。以人民公社"三级所有，队为基础"的经营制度全面解体，新的以"包产到户、包干到户"为标志的家庭经营体制确立。1986年，中央1号文件首次提出"统一经营与分散经营相结合的双层经营体制"，既强调家庭承包是长期政策、不可随意改变，也强调各地统分结合的内容、形式、规模和程度应有所不同，但这是"地区性合作经济组织"内部的责任制。1990年，中央18号文件首次提出"以家庭联产承包为主的责任制、统分结合的双层经营体制"，开始强调发展农业社会化服务，把乡村集体经济组织、其他各种服务性经济实体、国家经济技术部门并列为农业社会化服务的提供者，有意识地深化"统一经营"的内涵并扩大其外延。1998年，十五届三中全会首次提出"以家庭承包经营为基础、统分结合的双层经营体制"，强调保障农户的土地承包经营权、生产自主权和经营收益权，农户要成为独立的市场主体。2007年，中央1号文件首次提出"农村基本经营制度"；2008年，十七届三中全会首次明确以家庭承包经营为基础、统分结合的双层经营体制是农村基本经营制度。

1978 年的家庭联产承包责任制改革,将土地产权分为所有权和经营权。所有权仍归集体所有,经营权则由集体经济组织按户均分包给农户自主经营,集体经济组织负责承包合同履行的监督,公共设施的统一安排、使用和调度,土地调整和分配,从而形成了一套有统有分、统分结合的双层经营体制。家庭联产承包责任制的推行,纠正了长期存在的管理高度集中和经营方式过分单调的弊端,使农民在集体经济中由单纯的劳动者变成既是生产者又是经营者,从而大大调动了农民的生产积极性,较好地发挥了劳动和土地的潜力。

但是,农户家庭承包经营毕竟属于小农生产经营方式,它没有也不可能实现农业现代化、市场化。尽管家庭承包经营调动了农民生产经营积极性,但我国农业生产发展仍存在一些深层次的矛盾。例如,农产品商品化程度不高;农业比较利益低下,农民收入增长缓慢;农业产业化进展不快。这充分表明,中国农业生产经营体制仍需进一步改革与创新,以适应实现农业现代化的要求。

在坚持"以家庭承包经营为基础、统分结合的双层经营体制"这一基础上,对农业经营形式进行创新,倡导多种主体、实行多种形式的呼声也越来越高。2013 年中央 1 号文件也认为农业生产经营组织创新是推进现代农业建设的核心和基础,提出要创新农业生产经营体制。

二、创新农业生产经营体制的内涵

农业生产经营体制是一个以土地制度为基础的农业生产经营活动的各种实现形式的框架体系。包含在这个框架体系之中的是各种行为主体及其实现形式,其中的生产主体是农户,其实现形式可以是分散的个体,也可以是规模化的经济实体;其他行为主体(企业、个体专业户、农业技术研发和推广组织以及政府等)将参与农业生产经营活动中的加工、运输、销售和服务以及规范指导等,这种参与助推了规模化经营。创新农业生产经营体制实际上是指农业生产经营体制的优化,而优化是以技术变革作为支撑的。它主要涵盖以下两个方面的内容:一是农村土地制度变迁所引起的农业生产经营方式的变化(内生变化);二是在农村土地制度不变的条件下,其他制度变迁所引起的各行为主体(农户、企业和政府等)之间相互关系的演变(外生变化或冲击)。农业生产的特殊性和复杂性决定了创新农业生产经营体制的主体是农民,其对农业生产环境态势的把握比其他行为主体更具优势。

另外,创新农业生产经营体制的含义还有一般性范畴的特征,它既包含新中国成立以来中国农业生产经营体制的历史演进,又包括随着中国市场化进程的深入推进所演绎出来的农业生产经营体制的新变化。其中,家庭联产承包责任制则是其逻辑演进中的一个历史节点。这意味着农业生产经营体制不会囿于当前的技术环境特征,必将随着中国市场化进程而不断创新。

当前我国农村存在"公有制+分散经营"与"公有制+规模化经营"的并存现象,前者是农业生产经营活动中较普遍的形式。这就意味着,当前提出的创新农业生产经营体制正是朝向"公有制+规模化经营"这个目标迈进的。

三、创新农业生产经营体制的途径

(一)土地"确权"与经营权"流转"

在"家庭承包经营为基础,统分结合的双层经营体制"这一农村基本经营制度下,土地归农民集体所有,承包权归农户所有,可以变化的是土地的经营权。随着形势的发展,统分结合的双层经营体制出现了一些新情况。从"分"的方面来讲,农民在市场的主体地位很脆弱,与发展现代农业的要求不相适应;从"统"的方面来看,集体经济大多变成"空壳",原有的农村服务体系已经不适应,新的服务体系还没有健全,千家万户的小生产难以适应千变万化的大市场。在一些人多地少的地方,人地矛盾日渐突出,而愿意经营土地的农户和工商企业急需土地,扩大经营规模。于是,一些地方的农民自发地通过互换、转包、转让等方式进行土地流转。如果农地大规模地在农户与农业生产经营活动的其他主体(如龙头企业)间进行交换,不排除发生"使土地流转成为其他权力主体侵犯农民财产权利的又一轮机会"的系统性风险。规避这种风险的关键手段在于对土地进行"确权"。一旦"确权"颁证,即便发生违规行为,产权的合法证书也能有效降低农民自我保护的成本。同时"确权"把土地在农户之间隐形交换的行为显性化、合法化,为规模化经营提供了土地需求,为农业生产经营活动中的规模化经营提供了很大的可能性。

(二)新型农业经营体系的组成

党的十八大提出了构建集约化、专业化、组织化、社会化相结合的新型农业经营体系的要求。培育新型农业生产经营模式的关键任务,是抓好规模经营农户、龙头企业、农民专业合作组织以及社区性、行业性服务组织等新型农业经营主体的培育和发展。具体介绍以下四种组织形式。

1. 农业生产专业大户

农业生产专业大户是以农业某一产业的专业化生产为主、初步实现小规模经营的农户,具有适度规模经营,劳动、资金密集和集中生产等方面的特征。当前,这种实现形式主要表现为具备相应的资金实力,能够雇用一定数量的劳动力。只不过雇主和雇员会一起参与农业生产活动,雇主参与生产活动的主要目的是行使其监督的职权,以避免雇员"机会主义"、"道德风险"的行为对自身利益造成的损失。就目前情况来看,还没有出现农业生产专业大户大量的"专业化"生产,这与农户缺乏先进的农业生产经营知识和技术不无关系,决定了教育培训、技术推广的迫切性。

2. 家庭农场

其基本特征为:以家庭为核心的法人形式存在,具备一定的经营规模,有一定的市场意识、科技意识、品牌意识和创新意识等。与农业生产专业大户不同的是,家庭农场的基础是血缘、亲情,其成员之间的合作更倾向于相互间的利他主义,这强化了各成员在农业生产经营活动中的责任心,从而将对外部成员的外在监督行为内敛化,减少了农户的交易成本和心理忧虑,这是家庭农场的一大特点。从形式上来看,家庭农场是对分散小农户生产经营规模的扩展,很符合当前家庭联产承包责任制下家庭为生产单位之要义。

3. 农民专业合作组织

农民专业合作组织是指农民在家庭承包经营的基础上,按照自愿、自立、互助原则组织起来,在资金、技术、购买、销售、加工或储运等环节开展合作的组织。其可以组织成员进行生产与销售,促使农业生产由行政管理过渡到由合作经济组织协调管理,从而可以参与市场竞争,同时可以实现农业规模经营,为农业产业化经营奠定基础。

4. 龙头企业

龙头企业是指以农产品加工或流通为主业,通过各种利益联结机制与农业生产相联系,带动农户进入市场,使农产品的生产、加工、销售有机结合,在规模和经营指标上达到规定标准,并经全国或省、市农业产业化联席会议认定的企业。其最大的特征在于将资本(大额资金和机器设备等)引入农业生产经营活动中,并对市场进行深度开发。

虽然上述分析只单列了四种实现形式,但在现实中往往会出现这四种形式相互交错并衍生出更多形式的现象。

(三)新型农业经营体系构建策略

以家庭承包经营为基础、统分结合的双层经营体制,是农村基本经营制度。坚持这一基本制度,就要适应现代农业发展需要,实现"两个转变":在"分"的层次上,家庭经营朝采用先进科技和生产手段的方向转变,增加技术、资本等生产要素投入,着力提高集约化、专业化水平;在"统"的层次上,统一经营朝发展农户联合与合作,形成多元化、多层次、多形式经营服务体系方向转变,发展集体经济,增强集体组织服务功能,培育农民新型合作组织,发展各种农业社会化服务组织,鼓励龙头企业与农民建立紧密型利益联结机制,着力提高组织化、社会化程度。

加快构建新型农业经营体系,要坚持家庭经营在农业中的基础性地位,推进家庭经营、集体经营、合作经营、企业经营等共同发展的农业经营方式创新。坚持农村土地集体所有权,依法维护农民土地承包经营权,发展壮大集体经济。稳定农村土地承包关系并保持长久不变,在坚持和完善最严格的耕地保护制度前提下,赋予农民对承包地占有、使用、收益、流转、承包经营及抵押、担保权,允许农民以承包经营权入股发展农业产业化经营。鼓励承包经营权在公开市场上向专业大户、家庭农场、农民合作社、农业企业流转,发展多种形式规模经营。

加快构建新型农业经营体系,要鼓励农村发展合作经济,扶持发展规模化、专业化、现代化经营,允许财政项目资金直接投向符合条件的合作社,允许财政补助形成的资产转交合作社持有和管护,允许合作社开展信用合作。鼓励和引导工商资本到农村发展适合企业化经营的现代种养业,向农业输入现代生产要素和经营模式。

第三节　农业生产过程及农业生产经营组织

一、农业生产过程

农业生产过程包括自然再生产过程和经济再生产过程。

农业的自然再生产过程,指的是在自然规律的作用下,生物不断生长繁殖的整个过程。如亚马孙河流域中的原始森林,它们从发芽、生长直到成材的全部过程,都是在光、热、水、土等自然条件的影响下自发进行的。

农业的经济再生产过程,指的是在人类主观意识的作用下,所进行的一系列生产活动。例如矿产的开采、金属的冶炼、棉花的纺织、房屋的兴建等。各项活动受民族习惯、历史基础、国家政策、技术水平等社会经济条件的制约,自始至终都在人类的干预下进行。

农业生产过程,是指动植物的生长、发育和成熟的自然再生产同农业总产品、劳动力和生产关系的经济再生产相互交织的过程。例如小麦的生产,一方面是小麦本身的发芽、出苗、拔节、抽穗、开花、结实等自然再生产的过程;另一方面是在人类干预下的育种、犁地、播种、中耕、除草、浇水、收获等一系列经济再生产过程。这些过程相互交错、相互影响、相互联系、相互渗透,从而促使农业再生产的不断发展。

二、农业生产经营组织

农业生产经营组织,是指实行自主经营、独立核算、自负盈亏,从事商品性农业生产以及与农业产业链直接相关活动的具有法人资格的经济组织。主要包括:农村集体经济组织、农业合作经济组织、农业产业化经营组织和其他从事农业生产经营的组织。

(一)农村集体经济组织

它是指以农民集体所有的土地、农业生产设施和其他公共财产为基础,主要是以自然村或者行政村为单位建立,从事农业生产经营的经济组织。以行政区划的村、组为基础的农村集体经济组织,是在 1956 年基本完成农业的社会主义改造、农村土地和其他生产资料逐步从农民个人所有转变为集体所有后,逐步建立、完善和发展的。农村集体经济是以土地等生产资料集体所有制为基础的公有制经济,发展农村集体经济、增强集体经济组织服务功能,既是政策取向所指,也得到了法律保障。但自 1984 年以来,由于种种原因,农村集体经济组织呈日趋弱化或边缘化的趋势。目前,我国各地的农村集体经济组织有合作社、合作社联合社、农工商总公司等形式,有些地方还对原有的集体经济组织进行了股份合作制改造。不论农村集体经济组织的机构是否健全,上级集体经济组织都不得平调下级集体经济组织的土地和其他财产。

(二)农业合作经济组织

农业合作经济组织,也称农业合作社,是指农民特别是以家庭经营为主的农业小生产者为了维护和改善各自的生产以至生活条件,在自愿互助和平等互利的基础上,遵守合作社的法律和规章制度,联合从事特定生产活动所组成的企业组织形式。

农业合作经济组织主要包括以下基本类型:

(1)区域性合作经济组织。它的主要特点是家庭经营与集体统一经营相结合,既能发挥农民家庭经营的积极性,又拥有合作经济的优越性。

(2)专业性合作经济组织。它的主要特点是在不改变家庭经营的基础上,农民自愿地在某特定生产领域实行联合的合作组织。这类合作社可以是跨地区的,一个农户也可以参加一个以上的专业合作组织。一般是在专业户发展的基础上联合而成的。

(3)农村信用合作经济组织。这是农民自愿联合而形成的金融合作组织,它的宗旨是广泛吸收农村闲散资金,帮助农民解决生产上和生活上的困难。改革开放后,逐步加强了信用社组织上的群众性、管理上的民主性和经营上的灵活性,把信用社真正办成群众性的合作金融组织。

（三）农业产业化经营组织

农业产业化经营是以市场为导向,以农户为基础,以龙头组织为依托,以经济效益为中心,以系列化服务为手段,通过实行种养加、产供销、农工商一体化经营,将农业再生产过程的产前、产中、产后诸环节联结为一个完整的产业系统。农业产业化经营组织能够通过一定的利益和激励手段将无数分散的小农户集合起来共同从事某种农业生产,能够引导多方参与主体自愿结成经济利益共同体,是市场经济条件下的基本经营形式。

农业产业化经营形式按其联合方向可以分为横向一体化和纵向一体化。横向一体化是指从事相同农业生产或者服务的农业企业联合从事农产品收购、加工、存储、运输和销售等服务活动;纵向一体化是指农业企业一方面同农业生产者合作,另一方面和农业生产服务组织及消费者合作,即农业企业联结贯穿农业产业全过程的一种经营形式。目前,我国农业产业化经营组织更倾向于农业产业纵向一体化经营模式,其中最常见的是"农户+龙头企业"的模式,龙头企业是带动农户产业化经营的重要动力。"农户+龙头企业"模式的农业产业化经营组织根据其和农户联合的紧密程度,又可以区分为松散型、半紧密型和紧密型三种不同类型。一般来讲,农户和龙头企业通过契约联结,具体指农户按照与龙头企业签订合同约定的品种、规格、质量和数量生产农产品;龙头企业则负责按照约定的时间和价格收购相应农产品。这样农户更易发挥其在农业生产方面的优势,龙头企业则易发挥其在加工及运销方面的优势。设计合理的契约能够使得农户和企业均实现利益最大化,具体以广东省温氏集团的农业产业化经营模式为例。

总体来讲,设计合理的农业产业化经营组织形式能够有效提高效率,提高农业收益。但是实现农业产业化经营需要国家进一步重视培育农业龙头企业,加强基地建设,在实践中探索更加完善的农业产业化经营运行机制,同时需要国家重视农户素质提高,创造良好的农业产业化经营条件。

（四）其他从事农业生产经营的组织

除上述三种农业生产经营组织之外,其他从事农业生产经营的组织包括《中华人民共和国农业法》第 28 条规定的供销合作社,第 98 条规定的国有农场、牧场、林场、渔场等。

第四节　农业生产安全质量管理

农业生产安全质量管理主要表现为农业生产过程中的质量安全以及农产品质量安全。由于农业生产过程中的质量安全和最终农产品的质量安全是密切相关的,因此,本节内容从农产品质量安全方面来探讨农业生产安全的质量管理。

一、农产品质量安全的定义

农产品质量安全是指农产品质量符合保障人的健康、安全的要求,即农产品中不应含有可能损害或威胁人体健康的因素,不应导致消费者急性或慢性毒害、感染疾病、产生危害消费者及其后代健康的隐患。

二、农产品质量安全的特点

（一）危害的直接性

不安全农产品直接危害人体健康和生命安全。因此,质量安全管理工作是一项社会公益性事业,确保农产品质量安全是政府的天职,没有国界之分,具有广泛的社会公益性。

（二）危害的隐蔽性

仅凭感观往往难以辨别农产品质量安全水平,需要通过仪器设备进行检验检测,甚至还需进行人体或动物实验。部分参数检测难度大、时间长,质量安全状况难以及时准确判断。

（三）危害的累积性

不安全农产品对人体危害的表现,往往经过较长时间的积累。如部分农药、兽药残留在人体内积累到一定的程度后,才导致疾病的发生和恶化。

（四）危害产生的多环节性

农产品生产的产地环境、投入品、生产过程、加工、流通、消费等各环节,均有可能对农产品产生污染,引发质量安全问题。

（五）管理的复杂性

农产品生产周期长、产业链条复杂、区域跨度大。农产品质量安全管理涉及多学科、多领域、多环节、多部门,控制技术相对复杂,加之我国农业生产规模小,生产者经营素质偏低,农产品质量安全管理难度大。

三、农产品质量安全的基本知识

(一)无公害农产品、绿色食品、有机食品的概念

1. 无公害农产品

无公害农产品是指产地环境、生产过程和产品质量符合国家有关标准和规范的要求,经农业部农产品质量安全中心认证合格,获得认证证书并使用无公害农产品标志的,未经加工或者初加工的食用农产品。

2. 绿色食品

绿色食品是指遵循可持续发展原则,按照绿色食品标准生产,经中国绿色食品发展中心认证,许可使用绿色食品商标标志的无污染的安全、优质、营养食品。

3. 有机食品

有机食品是指根据有机农业原则和有机农产品生产、加工标准生产出来的,经过有资质的有机食品认证机构颁发证书的农产品及其加工品。

(二)无公害农产品、绿色食品、有机食品的关系

无公害农产品、绿色食品、有机食品都是经质量认证的安全农产品;无公害农产品是绿色食品和有机食品发展的基础,绿色食品和有机食品是在无公害农产品基础上的进一步提高;无公害农产品、绿色食品、有机食品都注重生产过程的管理,无公害农产品和绿色食品侧重对影响产品质量因素的控制,有机食品侧重对影响环境质量因素的控制。

四、农业生产安全质量管理存在的主要问题

(一)生产经营管理方式落后

由于实行以家庭承包经营为基础、统分结合的双层经营体制,全国农村大部分地区农业生产仍然延续的是一家一户分散式经营管理模式,集约化、规模化、标准化程度不高。尤其是在蔬菜种植和养殖业生产上,由于基础设施简陋、生产方式落后、环境条件较差,农产品在整个生产过程中的质量安全很难得到保障。如在养殖方面,大多属传统式经营,养殖规模小、圈舍简陋、卫生条件差、饲养管理粗放,容易导致畜禽疫病、疾病的发生,畜禽产品质量安全保障性不高。

(二)动植物疫病安全防控的制约因素较多

大多数农户传统观念较强,在种养业经营过程中存在靠天吃饭的侥幸心理,安全生产意识不高。特别是在养殖方面,一些零散户不积极主动地接受动

物疫病的免疫,不能很好地配合动物疫病的防控工作,一旦暴发传染病,随意抛弃病死畜禽,法律观念不强的养殖户甚至宰杀、出售或食用病死畜禽。有一定规模的养殖场(户)也不严格实行免疫制度和消毒制度,进而导致动物疫病免疫密度与免疫质量达不到要求,不能实现清净无疫或出现疫病后及时有效控制。

(三)不当选择或不合理使用农业投入品

种养业的投入品包括种子、肥料、饲料、各类添加剂以及兽药、农药等。由于大多数农民的科技文化素质不高,在生产经营过程中无法正确把握以及使用各种投入品。一方面普遍存在生产投肥超量的问题,不仅造成资源浪费、增加成本,而且导致土地质量阶梯性下降并长远影响农产品的生产品质。另一方面存在超量使用添加剂、兽药和农药的问题,在防治农作物病虫害和畜禽疫病上,大部分农户都采取过量投放药品的方式进行防控,进而导致农产品药品残留超标。

(四)农用药品生产销售管理存在一定的疏漏

尽管国家和地方不断加大农用物资行业的管理力度,但一些地下黑窝点、小作坊和不法企业仍然存在。它们为了满足特殊市场需求并谋取私利,非法生产、加工假冒伪劣农用药品和禁限使用的各类添加剂。更有甚者生产、加工国家明令禁止的各类剧毒、高毒农用药品,如久效磷、磷胺、甲胺磷、呋喃丹、氟乙酰胺、氰化物、401、磷化锌、磷化铝、毒鼠强、三聚氰胺、瘦肉精、孔雀石绿及硝基呋喃等。这些违禁药品、添加剂一经流入农业生产和食品加工环节,不可避免造成农产品中含有影响人体健康的有害成分,形成食品卫生安全隐患,极易引发群体性安全事件。

(五)农产品质量监测体系不够健全

从田间、农户到市场、餐桌,由农产品转变为食品周期长、环节多,整个过程十分复杂。因此,构建农产品质量监测体系是确保农产品安全进入市场的最关键的一道防火墙。但就目前来说,农产品质量管理机构、技术队伍、设施设备等体系建设方面还很薄弱,行政执法人员少,专业素质参差不齐,这给农产品质量安全管理工作的开展带来很多阻碍,对进入市场的农产品不能实现及时科学的检疫检验,不可避免造成不安全农产品直接进入市场,很难保证广大消费者真正买到放心农产品。

五、保障农业生产质量安全的对策及建议

(一)强化动植物重大疫情的防控

加强对动物疫情和植物病虫、杂草的监测、预警、防治,建设无规定动物疫病区,实施植物保护工程。要落实安全养殖措施,加强春秋两季重大动物疫病集中强制免疫工作,强化对新补栏、散养和养殖密集区的动物免疫;加强免疫效果监测,对免疫抗体不合格的动物要及时进行补免,确保免疫密度和质量,及时构筑有效免疫屏障;不断加强生猪养殖密集区、屠宰场、交易市场和种畜禽场疫情监测工作,进一步加大监测力度,扩大监测范围,增加监测数量和频次,对病原学监测阳性动物要按规定及时、果断处置,及时消除疫情隐患。落实植物安全生产措施,切实加强常见病、虫、草、鼠害的防治。严格执行疫情报告和疫情举报核查制度,及时如实上报疫情,切实加强动植物疫病的科学防控。

(二)加大农业投入品的市场监管力度

重点加强农药、兽药和饲料添加剂的市场监管,强化农资经营户的规范化管理,全面实行严格的行政审批和市场准入制度。每个农用药品经营户必须持证经营,在采购、销售方面进行详细登记备案,做好从购入、销售到使用的全程跟踪。加强农资销售人员的专业培训,不断提高整体经营素质。工商、质监、农业等行政管理部门要搞好密切协作,严格落实定期检查制度,形成监管合力。对关键部位、重点环节和农资产品实行严格管理,重点加大对农药、兽药、饲料及饲料添加剂等农业投入品的监控。定期开展执法检查,严厉查处违法销售禁用药物和化学物质行为,加大对生产、销售假冒伪劣农用药品的打击力度,依法维护市场经营秩序。

(三)加强基层农产品质量检验检测体系建设

加强基层农产品的质量检验检测,能够促进生产者更加重视农业的标准化生产,更加便捷地落实农产品质量追溯制度。要加强检验检测设施设备建设,以开展现场快速检测、指导地方农业生产为目的,配备农产品安全检测、农业生产和农业生态环境监测所需的基本设备,以样品前处理、快速检测仪器设备为主。对一些农、牧、渔业发达,经济发达,农产品生产基地较多的县级行政管理机构,还需考虑农药等有害物质快速检测、定量分析、突发性事件的应急处理、移动检测等实际需要,添置必要的仪器设备。

(四)严格实行农产品检验检测的规范化管理

按照国家相关法律法规和条例,对农产品生产质量实行严格的检验检测,实行农产品质量安全监测的常态化管理,重点抓好产地和市场两个环节。一是抓好产地监测和检测。对农产品生产基地水质、土壤和污染源等进行监测;定期对"菜篮子"产品开展违禁药品残留快速检测,扩大检测范围、频次;定期深入养殖大户和养殖企业对畜禽进行检测;定期对农业企业和农民专业合作社的农产品生产记录进行检查。对发现生产记录中不当使用农业投入品或检验检测不合格的农产品及时采取限制措施,落实农产品产地准出制。二是抓好市场检验检测。对进入市场的农产品随时进行抽样检查,按国家农产品质量标准对"菜篮子"产品重点进行药品残留检测;按照国家动物防疫法和动物检疫条例有关规定,实行畜禽定点屠宰,严格控制私屠乱宰。严格按照程序实行宰前检验、宰后检疫。对通过检验检测发现的不合格农产品,采取无害化处理,严格落实市场准入制。

(五)促进农业标准化生产

发展现代农业,把建设资源节约型、环境友好型社会放在突出位置,加快转变农业增长方式,努力推进农业生产标准化进程,大力推进节地、节水、节肥、节药、节种、节能,发展低投入、低消耗、低排放和高效率的农业循环经济。大力推进农业标准化,指导农业企业和农户科学用药、合理施肥,提倡和推进清洁生产、健康养殖。抓好绿色农产品生产示范基地建设环节,促进无公害有机农产品产业的快速发展,鼓励、支持和引导农产品加工企业、农业专业合作组织和种养大户,搞好无公害绿色农产品生产基地建设,辐射、带动广大农民群众积极参与无公害绿色有机农产品生产,不断满足广大消费者对安全、营养、健康农产品的日益增长的需求。

(六)积极开展农产品信息化服务

不断加大《食品安全法》、《农产品质量安全法》等国家相关法律法规的宣传力度,提高农业行政人员的执法意识,促进农业行政执法人员的严肃执法、公正执法,增强广大消费者自我保护意识和社会监督责任意识。进一步加强农产品信息化服务体系建设,建立农产品质量安全电子报送系统,确保及时、有效传递农产品质量安全信息,及时发布农产品质量检验检测、农产品质量安全案件、农资商品监管及明令禁止和限制使用的农业投入品等各类信息,不断提高地方政府的公共服务意识和能力。

(七)监控农产品产地环境安全

为了保证农产品质量安全,应采取加大产地保护和生产环境监测力度等举措,在源头上保障农产品的质量安全。

农业部报告中强调,农产品产地环境安全是农产品质量安全的基本保障。为此,农业部门一直在积极采取措施,加大农产品产地环境保护力度。这一举措非常重要和有效而且不能间断,因为产地环境是农产品生产的第一车间,源头安全了,才能保障后面环节的安全。实践中,需要把重点放在水质监测、土壤监测、大气监测、投入品检测,确保农作物在一个良好的环境下进行生产。另外,建立农产品质量安全可追溯制度也是农产品质量安全的重要保障。从 2004

年以来,农业部已经在京、津、沪等 8 城市开展了蔬菜、畜产品等质量追溯的试点。

第五节　农产品流通

一、农产品流通的含义

农产品流通是指用现代高新技术武装,采取现代组织方式,服务农产品全球流通的重要平台,以解决农产品生产、销售过程中涉及市场和信息,中介组织和龙头企业,科技推广和应用,农产品加工、包装和经营,以及市场检测和检疫等问题,是农产品物流、信息流和流通服务的统一体。

二、我国农产品流通的主要方式

(一) 在短距离的生产地市场销售农产品的流通方式

这种方式中间环节很少,农民可直接面对消费者,销售收益能够及时得到兑现,但是商品的附加价值较低,物流半径极其有限,单位物流成本也很高。如农民通过集市销售自己的农产品。就当前我国农产品流通领域来看,农民进入农产品流通领域的过程大多是自发性行为,缺乏有效的组织,因而规模一般较小。在经营中也存在很多问题,例如,市场准入较为混乱;主体素质低,经营不规范;组织化程度低,竞争力较弱;等等。

(二) 由零售商直接面对生产者和消费者的流通方式

这种方式一般是零售商直接找农民收购农产品,然后运输到城镇农贸市场,或是由生产者自行将产品运输到零售市场转移给零售商,再由零售商出售给消费者的过程。这种流通方式有利于降低生产者的交易成本,有时零售商也会对产品进行一些简单的分类和包装甚至加工,一定程度上可以增加农产品的附加值。但是,这种农产品的流通方式规模小、技术水平低,商品流通范围极其有限,且生产者和零售商之间存在明显的信息不对称,农民的利益易受侵害。

(三) 以农产品批发市场为龙头的流通方式

这种方式依托有一定规模的农产品批发市场,将分散的农产品集中到批发市场,由批发商收购,然后通过零售商销售。这种流通方式将农产品的物流半径明显扩大,单位物流成本有所降低,也有利于农业的区域专业化生产,目前已经成了大宗农产品销售的重要途径。

（四）通过龙头企业加工并负责销售的流通方式

这种方式的特点是以农产品加工企业为载体,企业与农户之间建立紧密的产销关系,实现产销一体化经营。龙头企业依据合同收购分散农户生产的产品,经过加工包装后再配送给零售商销售。龙头企业对初级产品进行加工、包装、保鲜等作业,使农产品的附加值明显提高。这种方式中的企业与农户双方契约约束很脆弱,农民往往处在不利地位。

（五）利用电子商务技术促进农产品流通的方式

随着国家和企业对农产品流通设施投入的加大,农民进入市场的组织化程度逐渐提高,农产品市场体系不断健全,农产品流通环境有了很大改善。但是,目前国内国际市场上"卖难"现象还很突出,传统的农产品流通方式逐渐不能适应现代化农业市场发展的需要。随着电子信息技术应用的不断深入,农产品供应链必须依托网络信息技术,实现电子商务技术在农产品流通中的应用和实践。在电子商务平台上农产品供需双方只需进行简单注册,就可以发布或寻求产品信息,在网上实现产品交易。通过供应链信息的共享,生产经营企业同时掌握完备的农产品信息,并对市场需求量和价格作出最快反应。

这种方式的特点是实现纵向优化、横向集成,使资源和信息实现共享,整体资源得到优化,并通过实现成员间的连接和与目标终端用户之间的连接,促使各成员共同开拓新的利润空间。坚持以市场需求信息为载体,以现代物流配送为方式,减少农产品流通环节或将环节有效集约,走新型农商道路,让农民种植有信息,销售有渠道,真正从农产品生产经营中获利。

三、我国农产品流通模式的主要特点

我国现行农产品流通模式主要有以下 4 个特点:

（1）在流通渠道上,我国绝大部分的农产品流通是依靠农户—中间代理—产地批发商—销地批发商—零售商—消费者这一物流链进行的。

（2）在流通主体上,各个物流链环节都有各自不同的主体。在我国,流通主体主要是分散经营的小农户,但一些经济发达地区也有一些规模经营的农户联合体。中间代理环节的主体比较多样化,既有各种类型的合作组织(包括政府主导和自发组织的各种专业协会),也有各种不同规模的私营收购代理公司。产地批发商和销地批发商的主体主要是各种农产品批发市场中的购销群体。目前我国农产品零售商的情况最为复杂,包括各种农贸市场、规模大小不等的超市及综合性的零售店和地摊销售等。

（3）批发市场在农产品流通体系中占有重要地位。和国际上大多数国家一样,在农产品流通领域中,批发市场同样发挥着重要的交易功能。之所以仍然认同批发市场居于主导地位这一观点,不仅是因为其为供求双方提供交易场所、信息、方式和过程管理,实现农产品交易和集散活动,更重要的是因为其具有价格形成和结算功能。

(4)商流与物流的统一。农产品流通在批发市场和零售市场以及其他销售方式中,基本是现货交易。由于我国信息网络建设相对落后,与农产品买卖的信息化配套设施不够完善,电子商务又处于起步阶段,所以导致了我国农产品交易很难脱离时间和空间的限制实现信息化交易,做不到商物分离,基本上实行现货买卖。

四、我国农产品流通模式的主要问题

无论是与我国工业品的流通渠道相比,还是与发达国家农产品流通渠道相比,我国农产品流通渠道都有很大差距。这主要表现在如下几个方面:

(一)超小规模的农户与个体户依然是我国农产品流通的最重要主体

与发达国家不一样,目前我国农产品流通的主体主要是农户和进行农产品批发与零售的个体户,农业企业非常少。以家庭为单位进行农产品的生产经营,并不是我国独有,而是全世界的普遍现象,如日本农户的经营规模也非常小。所不同的是,发达国家的农户大都加入了各种各样的合作经济组织或协会,组织化程度高。而在我国,农村中介组织的发展仍处于农民经纪人、专业协会等初级水平,合作经济组织发展缓慢,并没有成为农产品营销中的重要主体,没有发挥出应有的作用。农业企业发育也不成熟,企业数量少、规模小,农业企业在农产品流通中的主导地位尚未形成。

(二)农产品流通的基础设施建设仍显薄弱

作为农产品交易主要载体的批发市场总体上仍然呈现出"低、小、散、弱"的格局。这种格局集中表现为交易市场单位规模偏小、档次普遍偏低、市场设施较为简陋、功能不完善、专业化程度不高等方面,相当多的农产品交易市场仍停留在提供经营场地、出租摊位、自由成交和收取管理费的初级市场经营管理阶段。据统计,我国目前有各类批发市场 5 000 多家,但具备一定规模的市场数量十分有限,批发市场的管理缺乏相关法律的约束,标准化程度不高,对农产品售卖的价格形成、辐射能力、信息服务、物流服务、检验检测等功能方面非常薄弱和欠缺,尤其是在农产品质量安全保障方面存在严重的缺陷。

由于农产品批发市场的建设缺乏整体规划,交易市场的布局和建设存在较大的盲目性,重复建设和有场无市的情况并不罕见。农产品流通的物流设施和工具更是缺乏,如鲜活农产品运输的专业工具、专用仓库、冷藏库、保鲜库等设施和专业大宗农产品物流中心等设施的建设和布局均不能满足农产品流通发展的需要。

（三）物流设施和物流技术落后导致物流过程损耗严重

农产品的生物性能(含水量高、保鲜期短、极易腐烂变质等)对运输效率和保鲜条件提出了很高的要求。目前,我国农产品物流是以常温物流或自然物流形式为主,农产品在物流过程中损失很大。有数据表明,我国水果、蔬菜等农副产品在采摘、运输、储存等物流环节上的损失率为 25%~30%,也就是说有 1/4 的农产品在物流环节中被消耗掉了。而在发达国家,蔬菜物流始终处于采后需要的低温条件,形成一条冷链,即田间采后预冷—冷库—冷藏车运输—批发站冷库—自选商场冷柜—消费者冰箱。荷兰农产品和食品在储存和运输的过程中都采用现代化的制冷和冷冻技术设备,由于处理及时、得当,蔬菜在加工运输环节中的损耗率仅为 1%~2%。另据统计,我国每年有 3.7 万吨蔬菜、水果在运送路上腐烂,如此之多的农产品足可以供养两亿人的生活之需。我国目前物流基础投入不足,致使农产品物流损耗严重,效益难以提高。

（四）农产品的销售以农贸市场为主

我国农产品的零售目前主要是通过传统的农贸市场进行的,这种交易方式主要是由我国目前的物流设施和技术在总体上处于落后水平决定的,也存在国人消费习惯的因素。然而随着经济的发展、生活水平的提高,消费者已不再满足于数量供给,而是追求优质、安全、便捷的农产品购物体验。连锁店和超市恰恰满足了人们的这种需求,所以它们的农产品销售业务近几年来呈现出较快的发展势头,但就目前来看,其销售量仍然非常有限。从农产品种类来看,蔬菜、果品、肉类、禽蛋、水产品等农产品更多地通过农贸市场销售,而粮油、花卉和其他加工程度较高的农产品,通过连锁店、专卖店、超市销售的份额越来越大。

（五）农产品流通的信息化水平程度较低

我国农产品物流的信息化程度低下,体现在供应链的各个环节上。首先从生产过程开始,由于我国农户分散经营的特点,对于农产品生产信息的获得主要还是依靠传统的方式,特别是那些落后的地区。其次在农产品价格信息的获得方面,一项对全国十几个省的农产品批发市场的调查统计结果显示,对于市场信息获得的渠道,自己的信息渠道所占的比例最高,依靠同行的传播占第二位,第三位是依靠对方上门供货,其他渠道如当地市场发布、政府部门发布、传播媒体及网络发布所占的比例都很少。另外,对批发市场供给信息的调查结果表明,不提供供求信息和价格信息的发布率占 58.6%,可见目前的批发市场在信息提供方面比较欠缺。

五、发达国家农产品流通模式特点分析

世界各国农产品流通模式和农产品市场体系的形成,受各国经济发展水平、社会形态、农业生产水平等的影响而各有不同。国际先进的农产品流通模式都具有流通市场化、产业化、信息化、一体化程度高等特点。目前一些发达国家均顺应电子商务所引发的流通变革,确立了适应本国国情的现代化的农产品流通模式。尽管这些流通模式在不同发达国家间存在一定的差异,但大体上都表现出如下的共同特征:

(一) 组织化、规模化的农产品流通主体

在发达国家,农产品控制权已经由产业链上游的农产品生产者即农户转向产业链下游组织,这些组织主要是企业化经营的农场、农产品批发与零售企业以及农户联合起来的协同组织(如农协、合作社)。同时,农、工、商一体化经营的程度较高。例如,美国的农场规模大,但农户仍按协同联合方式进入市场。在美国的果蔬营销中,主要是农场主与生产合作社、产地中间商和大型超市或批发企业签约进行销售(占销售量的98%),全国有150多万农场主参加了全国农场主联盟和美国农业联合会,还有众多农户参加了不同类型的农业生产与销售合作社。在日本,约有97%的农户加入了农协,90%的农产品由农协销售,80%的农业生产资料由农协采购。在发达国家,单独的农户在农产品流通组织体系中不占有重要地位。具有一定组织化程度的营销实体由于具有较强的供应能力,不仅在营销中具有较强的谈判实力,而且具有其他组织所没有的销售优势。

(二) 农产品流通渠道日益缩短,批发市场的作用依然突出

农产品流通渠道日益缩短,这是西欧和美国农产品流通的一个显著特征。其原因在于信息技术的发展和互联网的普及为异地交易奠定了基础,便利的交通运输加快了农产品的流通速度。在西欧,由于客户越来越希望所提供的农产品和各种食品新鲜,品种多样,而且要求提货和送货都方便,随叫随到,因此荷兰人就通过在市场附近建立一个农产品和食品中转站,货物首先集中到这个中转站,然后在中转站进行配送的方式,保证充沛的货源、合理的配送、及时的运输和稳定、协调的供应。美国78.5%的农产品流通渠道结构为"生产地—配送中心—超市与连锁店—消费者",经由批发市场的农产品相对数量在不断下降。美国销往批发市场的农产品交易量只占交易总量的20%。尽管如此,批发市场仍发挥着主导作用。一般而言,处于批发市场的供求双方并不是直接的农产

生产者和消费者,而是非垄断的中间商,无法左右批发市场的供求信息变化和公布。所以,虽然经由批发市场的农产品数量相对在下降,但其仍占据农产品流通模式中的有利位置,在农业生产经营中发挥重要的作用。

(三) 物流配送系统和服务体系日渐完善

建立低成本、高效率的农产品流通服务体系和物流配送系统,对于具有易腐性、单位体积和质量大、经济价值低等特点的农产品来说是至关重要的。发达国家便捷的交通网、完善的服务体系和配送系统、有效的保鲜设备、快速的信息网络,为农产品实现快速、稳定、合理的流通创造了良好的条件。美国农产品中,约80%的果蔬类产品通过产地与大型超市、连锁经销网络进行直销,农产品流通环节少、速度快、成本低、营销效率高。日本农产品流通的公共设施以及保鲜、冷藏、运输、仓储、加工等服务体系十分完善。如日本的批发市场实现了与全国乃至世界主要农产品批发市场的联网,批发市场能够发挥信息中心的功能,不必进行现场看货、实物交易,而发展为只看样品的信息交易,实物则由产地直接向超市配送中心运送,做到商物分离。

(四) 远期交易、远程交易、拍卖交易成为农产品批发交易的主体内容

期货交易最早是从农产品开始的。1840年美国芝加哥谷物交易所的成立,被看作现代期货市场诞生的标志,而现在的芝加哥期货交易所就是农产品各市场主体了解市场行情、获取价格变化信息的直接窗口。在当今世界农产品贸易中,期货交易应用广泛,85%的世界农产品价格是由期货价格决定的。在现货交易市场中,发达国家的农产品,凡需经过批发环节的大都以拍卖方式实现交易,如荷兰花卉和园艺中心就有最先进的拍卖系统、新式电子交换式信息和订货系统,通过电子化农产品物流园区和配送中心向全球广大客户提供服务。在日本,农产品拍卖交易也较为普及。

(五) 连锁超市经营成为农产品零售终端的主要形式

发达国家很少有我国居民所熟悉的农贸市场这种零售形式,而主要是经营生鲜食品的小型专业店。20世纪60年代以后,这种商店逐渐被连锁店和超市所取代。连锁经营的超市企业进入农产品流通市场,开设配送中心统一控制货物采购,再发送到连锁店销售。一方面,这种超市企业在农产品通路中所占比率不断上升。以法国为例,超市售卖食品的比例从1972年的25%上升到1984年的60%。另一方面,连锁综合性超市的规模不断增长。自20世纪80年代以来,超市的数量和场地面积发展迅速,如英国1981年大型超市数279个,营业面积102.57万平方米,到1991年数量增长为773个,营业面积263.95万平方米。在超市规模不断壮大的同时,作为利薄量大的生鲜食品,已经成为众多大

型超市追求利润的对象。所以超市不论在农产品售卖方面,还是在自身成长方面,其农产品流通的主渠道作用都日益突出。

第六节　农产品营销

一、农产品营销的定义

农产品营销是指农业生产者与经营者个人与组织,在农产品从农户到消费者流程中,实现个人和社会需求目标的各种农产品创造和农产品交易的一系列活动。

二、农产品营销的特点

(一)营销产品的生物性、自然性

农产品大多是生物性自然产品,如蔬菜、水果、鲜肉、牛奶、花卉等,具有鲜活性、易腐性,并且容易失去其鲜活性。农产品一旦失去鲜活性,价值就会大打折扣。

(二)农产品供给的季节性强,短期总供给缺乏弹性

农产品的供给在时间上具有季节性而且生产周期长。虽然现代科学技术缩短了农产品的生长周期,改变了农产品的上市时间,出现了一些反季节的蔬菜、水果,但是总体来说,农产品供给的季节性是其主要特点。

短期来说,农产品总供给缺乏弹性。这是因为:首先,农业生产是生物生产过程,在这一过程中,从生产决策到生产实施具有较大的时间延迟。其次,农业的投入要素相对固定。最后,务农本身是一种谋生手段,农作是一种生活方式,正因如此,农产决策并不只是取决于利润极大化。农民除了追求最大利润外,或许还有其他目标。

(三)农产品需求的大量性、连续性、多样性和弹性较小

第一,对农产品的需求是人类吃、穿等基本的生活需求,具有普遍性和大量性,而且人们每天都必须消费以农产品为原料的食品、服装用品,所以对农产品的需求是连续的。第二,由于人们的偏好不同,因而对农产品的需求是多样性的,同时,许多农产品效用彼此是可以替代的。第三,由于人们每日需要的蛋白质和热量是基本不变的,因而农产品尤其是食品的需求弹性较小。人们不会因为农产品价格变化,某一期间对农产品的基本需求量发生大的改变。

（四）大宗主要农产品品种营销的相对稳定性

由于农产品其品种的改变和更新需要漫长的时间,因而农产品经营在品种上具有相对稳定性。当然并不排除在现代技术进步条件下某些新产品的迅速产生,但是在一定的时间里,人们消费的农产品品种是相对稳定的。

（五）政府宏观调控的特殊性

农业是国民经济的基础,农产品是关乎国计民生的重要产品。由于农业生产的分散性和农户抵御市场风险能力的有限性,所以政府需要采取特殊政策来扶持或者调节农业生产和经营。

三、农产品营销的功能

根据市场营销功能主义学派的观点,农产品营销是一个由彼此相关、互为条件的结构性动态关系构成的系统。农产品营销功能是指系统某要素或营销活动在农产品营销系统中发挥的功能和作用。农产品营销功能之间是相互依存的。现代农产品营销的基本功能包括:

（一）交易功能

交易功能是指农产品营销过程中农产品交易双方产品所有权和使用权的转换。通过买卖双方的交易活动,农产品的价值得以实现,农产品需求者对产品的效用得以满足。农产品一般经过多次交换易手,发生多次买卖行为,才能最终让渡给消费者。交易功能是农产品营销活动的核心。

（二）形态改变功能

形态改变功能是指通过一定的方式和手段使农产品的物理形态发生改变,包括农产品的外观形状、体积、颜色改变等。农产品加工、整理、包装等活动是农产品的物理形态改变的基本方式和手段,大多数农产品只有经过加工、整理、包装才供给人们消费。同时,农产品加工、整理、包装等活动可以扩大农产品用途和增加农产品的附加值。

（三）空间转移功能

空间转移功能是指农产品地域转移的效用。农产品从生产领域流向消费领域的过程中要经历地域位移,如南方的水稻运往北方,北方的小麦销售到南方。运输及运输技术的发展使农产品营销的空间转移功能得以实现。

（四）价值增值功能

价值增值功能是指通过营销提高农产品的附加值。如乳品企业从奶牛养殖户手中收购新鲜牛奶,通过冷处理保证牛奶的新鲜质量,再经过加工制成奶粉、奶糖等奶产品,这中间的每个环节都实现了牛奶的价值增值。

（五）满足消费者需求功能

农产品营销的最终结果是满足消费者需求,无论农产品经营企业营销的最初动机如何,在客观上都将带来消费者需求的最终满足。

（六）组织和风险回避功能

农产品营销组织功能即通过营销活动将农产品经营者(组织和个人)联系起来,实现生产、分配、消费的紧密结合。在我国,农产品生产者生产规模狭小,经营分散,生产销售等各个环节都需要组织与联合。组织起来的农产品生产者和经营者在一定程度上减轻或者化解了经营风险,包括自然风险,尤其是市场风险。

四、农产品营销中存在的问题

（一）市场主体发育程度低,各主体功能定位不明确

首先,目前我国农产品流通市场主体主要是农民经纪人、运销专业户、城镇职业零售商贩和季节性与临时性农民运销人员,他们缺乏足够的知名度和可信度,收集、了解生产与销售信息的能力较差,发育程度低,抵御市场风险的能力不强。其次,农产品加工企业与中介流通组织仍然处于起步阶段,运作管理不规范,流通能力并没有充分体现出来。同时,各市场主体定位不明确,没有发挥其应有功能。如市场组织要么是政府主导型的,行政干预过强,要么是自主经营型的,盲目、无序、垄断,没有形成竞争有序、兼顾企业和农户利益的有机机制。

（二）市场体系不健全,农产品流通方式落后

首先,目前我国已经形成了以批发市场为枢纽的农产品流通体制,但批发市场间的联盟或联合程度还不够紧密,且地方市场分割严重,造成产销衔接不畅、流通环节多,未能有效解决产销环节小农户与大市场之间的矛盾。其次,基于电子商务和信息中心的农产品流通信息共享和交易系统建设不完善,缺乏多样的信息服务模式,产销信息滞后,对农产品生产、流通的指导性不强。同时,无论是农产品批发市场或专业市场还是零售市场,交易方式仍然以现货交易为主,竞价拍卖、远期合约交易、掉期交易、期权交易等现代衍生金融工具等交易方式还处于萌芽阶段,代理、电子结算和网上交易等先进的交易方式尚不普遍。

（三）物流体系基础设施发展滞后,流通效率低,损耗严重

物流体系基础设施发展滞后主要表现在以下方面:一是基础设施建设投入不足,物流设备落后,标准化程度低,农产品物流专用设备短缺、现代化水平低,农村道路等级低与路况差,使农产品在途运输时间长、损耗大。二是缺乏农产

品冷链系统。我国农产品物流仍以常温物流或自然物流为主,大量的初级产品几乎都是以原始状态投放市场流通的。冷链物流发展滞后集中表现为冷链设施匮乏、冷链运输效率低、物流成本高。农产品储藏保鲜条件差,冷链物流技术、保鲜技术等尚未得到广泛应用,农产品在物流过程中损耗严重。三是专业物流人才缺乏,农产品加工与物流技术落后,大多数农产品包装简陋、档次低,包装标准与物流设施间缺乏有效衔接,大大影响了流通效率,导致农民利益和农产品加工流通企业利润难以保证。

(四) 缺乏风险分担机制,加大农产品经营风险

农产品具有生产周期长的特性,在农产的产前、产中和产后的运营过程中会遇到一系列的风险。首先,消费者需求偏好的转移导致了农产品市场需求的波动,给农产品的经营带来了很大的风险。其次,是自然灾害的风险。无论是洪涝、干旱、大雪、霜冻等常规性灾害还是突如其来的台风、暴雨等灾害都对农产品种植或养殖带来致命的打击。在目前的营销体系下,缺乏风险的分担机制,农产品经营的风险往往由农户或者公司独自承担,这也不利于农业规模的拓展,不利于农业的产业化。

五、农产品营销的系统建设

针对以上农产品市场营销中出现的问题,应当加强农产品营销的系统建设,健全、完善我国农产品营销体系,从而实现农产品最高市场价值,推动我国农业的可持续发展。

(一) 大力发展农民合作组织和行业协会

我国农产品营销存在"小农户,大市场"的现实,借鉴发达国家农民通过参加农业协会、合作社等形式,实现生产的组织化的方式,积极培育农产品营销渠道的组织主体是克服弊端的现实出路。我国应该在营销渠道领域大力发展农民合作组织和行业协会,充分发挥农民合作组织与行业协会的作用,提高农民进入市场的组织化程度,采用集约化、规模化的协作方式,提高效率,减少成本,实现总体利益的最大化。

(二) 实现农产品区域化、专业化生产

我国目前普遍存在的是农产品特别是特色农产品产业规模偏小、经营分散,难以真正形成规模,即使以粮食为主的大宗农产品生产营销,也很少真正成为地区主导产业。农产品的生产受自然气候条件、地理环境因素的限制,生产的区域性特点比较明显。因此,应当以当地的自然气候条件和资源分布条件为基础,建立特色农产品专业化生产区域。这有利于发挥产地效应,实现农业生

产的规模化效应,形成产业优势;有利于农产品的集散中心与加工中心的形成,进而形成有利的价格。

(三)完善农产品市场体系建设

农产品营销的东亚模式和欧盟模式都建立了功能齐全的、现代化的、完善的市场体系。完备的农产品市场体系对于形成公正合理的农产品价格、快速开展农产品交易、及时传递农产品供需信息、提高农产品的交易效率等具有非常重要的作用。完备的农产品市场体系包括积极发展连锁超市、便利店、大型综合超市、批发市场等新型流通业态;采取农产品电子商务、农产品期货交易、农产品拍卖等多元化交易方式;建立完善、高效的物流系统,促进农产品货畅其流,方便城镇居民生活。

(四)建全农业风险分散机制

鉴于农业保险费用大部分来自政府补贴,农业保险公司购买再保险的支出不应转化为商业再保险公司尤其是国外商业再保险公司的收入。可从全国层面来建立政府支持下的农业风险分散制度。由经办农业保险业务的机构出资建立农业大灾风险共保基金。保险公司每年从其保费收入中提取一部分注入基金,在发生巨灾风险的情况下可从风险互助基金获得补偿,基金结余部分由各公司按照注资比例享有相关权益。开办初期国家财政对农业风险互助基金给予一定的补贴,当补贴基金累积到一定的程度,能够实现良性循环之后可不再注入,逐步建立起农业风险分散机制。

复习思考题

1. 什么是农业生产经营活动?

2. 农业生产经营有哪些特点?

3. 农业产业化经营形式都有哪些?

4. 简述我国农业生产经营体制演变的基本阶段。

5. 简述创新农业生产经营体制的内涵。

6. 什么是农产品质量安全?农业生产安全质量管理存在的主要问题有哪些?如何解决?

7. 我国农产品流通的方式及主要特点是什么?

8. 农产品营销具有哪些特点?

9. 农产品营销具有哪些功能?

10. 农产品营销中存在的问题有哪些以及怎样解决?

即测即评

扫描二维码,做单项选择题,检验对本章内容的掌握程度。

参考文献

［1］方天堃,陈仙林.农业经济管理.北京:中国农业大学出版社,2004.

［2］李秉龙,薛兴利.农业经济学.2版.北京:中国农业大学出版社,2009.

［3］王雅鹏.现代农业经济学.2版.北京:中国农业出版社,2008.

［4］孙百鸣.农业经营与管理.2版.北京:中国农业出版社,2009.

［5］钱东伟.农业市场生产经营学.南京:江苏科学技术出版社,1995.

［6］关锐捷,黎阳,郑有贵.新时期发展壮大农村集体经济组织的实践与探索.毛泽东邓小平理论研究,2011(5).

［7］张丽华,林善浪,霍佳震.农业产业化经营关键因素分析——以广东温氏公司技术管理与内部价格结算为例.管理世界,2011(3).

［8］刘广栋,程久苗.1949年以来中国农村土地制度变迁的理论和实践.中国农村观察,2007(2):70-80.

［9］陶林.中国共产党关于农村土地制度变迁的历史演进与启示.兰州学刊,2008(9):33-37.

［10］王朝明,徐成波.中国农业生产经营体制创新的历史逻辑及路径选择——基于马克思恩格斯农业发展思想的视角.当代经济研究,2013(11):40-46,93.

［11］于金富,胡泊.马克思农业合作社理论与中国现代农业经营体制.社会科学辑刊,2014(3):75-79.

［12］陈锡文.坚持农村基本经营体制积极创新农业经营形式.上海农村经济,2013(11):4-5.

[13] 程国强,罗必良,郭晓明."农业共营制":我国农业经营体系的新突破.农村工作通讯,2014(12):44-47.

[14] 蔡昉,王德文,等.中国农村改革与变迁:30年历程和经验分析.上海:格致出版社,2008.

[15] 李晋红.美日农产品流通渠道模式比较及对我国的借鉴.中国合作经济.2005(5).

[16] 林毅夫.制度、技术与中国农业发展.上海:格致出版社,2008.

[17] 孙剑,李崇先.美国和日本主要农产品营销渠道比较.世界农业,2003(3).

[18] 肖怡.国外农产品批发市场的发展对广东的启示与借鉴.南方经济,2004(4).

[19] 张晓宁,惠宁.新中国60年农业组织形式变迁研究.经济纵横,2010(3).

[20] 张京卫.日本农产品物流发展模式分析及启示.农村经济,2008(1).

[21] 李崇光.农产品营销学.2版.北京:高等教育出版社,2010.

[22] 理查德·库尔斯,约瑟夫·乌尔.农产品市场营销学.9版.孔雁,译.北京:清华大学出版社,2006.

[23] 夏守慧.传统农产品营销组织体系及其存在问题的分析.现代商业,2010(7).

[24] 刘天军,霍学喜,等.我国农产品现代流通体系机制创新研究.农业经济问题,2013(8).

[25] 王延明,赵贵玉.发达国家农产品营销战略及其启示.当代经济研究,2012(12).

[26] 黄延信,李伟毅.加快制度创新,推进农业保险可持续发展.农业经济问题,2013(2).

第六章　现代农业科技

本章学习目标

1. 了解现代农业的特征和主要形式；

2. 了解现代农业的发展历程；

3. 了解我国现代农业科技发展的战略需求及发展方向,加深和丰富对于我国乃至世界现代农业发展的理解和认识。

导　读

现代农业是农业发展的最新阶段。现代农业生产中广泛应用了先进的科学技术。现代农业是指结合现代化的生产工具和经营管理方式,依靠机械、化肥、农药、水利灌溉和电子信息等技术,并由工业部门为之提供大量的辅助物质和能源,以提高劳动生产率为目的,以发展商品化农业生产为特色,以规模化、集约化为发展方向,产、供、销结合,农、工、贸一体化的产业化农业。在现代工业技术、生物技术和信息技术的推动下,半个多世纪以来,现代农业取得了巨大的成就,使世界农业的发展达到了一个前所未有的高度。我国是一个历史悠久的农业大国,加快发展现代农业,对于推动我国农业全面发展,实现农业增产、农民增收具有重要的意义。

第一节　现代农业概况

一、现代农业的概念和内涵

现代农业(modern agriculture)是相对于原始农业以及传统农业而言的农业阶段或农业形态。学者们从不同的角度给出了现代农业的定义:张晓山指出"现代农业是在一个时期和一定范围内具有现代先进水平的农业形态";柯炳生认为"现代农业是一种通过高投入追求高产出的农业产业";孔祥智认为"现代农业是充分利用现代生产要素的农业";也有学者认为现代农业只是"一个特定的俗语",在时间以及空间上并没有确定的外延和内涵。现代农业的定义在某种程度上可以说是动态的,是用现代工业力量装备的、现代科学技术支持的、现代管理理论和方法经营的、生产效率达到现代世界先进水平的农业,是世界农业最高水平和发展状态的概括性体现。

现代农业是综合性农业,其范围可以涉及农业生产的各个方面:产前领域,包括农业机械、化肥、水利、农药、地膜等领域;产中领域,包括种植业(含种子产业)、林业、畜牧业(含饲料生产)和水产业;产后领域,包括农产品产后加工、贮藏、运输、营销及进出贸易技术等。现代农业不再是局限于传统的种植业、养殖业等农业部门,而是同时包括了生产资料工业、食品加工业等第二产业部门,以及交通运输、技术和信息服务等第三产业部门的综合性产业,而现代农业的生产方式本身也是一系列与农业相关的产业群体整体发展的表现形式。现代农业是农业发展的一个新的历史时期。其突出的特点为:现代农业是科技密集型产业,是采取产业化的组织形式,以市场为导向,在重视生态环保和可持续发展的基础上,向多元化、多领域发展的新型产业。

二、现代农业的特征

(一)生产要素科学技术化

现代农业是在高新技术(尤其是生物技术和信息技术)指导下的全新的生

产方式,现代科学技术是现代农业发展的核心要素。没有现代农业科学技术的发展,就没有现代农业的发展。在生产工具方面,多种农业机械的广泛应用,使农业由手工畜力农具生产转变为机器生产,如技术经济性能优良的拖拉机、耕耘机、联合收割机、农用汽车、农用飞机以及林、牧、渔业中的各种机器,成为农业的主要生产工具,使投入农业的能源显著增加,电子计算机技术、遥感技术以及人造卫星等也开始运用于农业生产。

现代农业的发展离不开多种新技术的不断投入。新技术是现代农业的先导和发展动力,包括生物技术、信息技术、耕作技术、节水灌溉技术等农业高新技术。这些技术使现代农业成为技术高度密集的产业,这些科学技术的应用大大提高了单位面积的劳动生产率,也使现代农业的增长方式由单纯依靠土地、自然资源和劳动力的方式,转到主要依靠提高资源利用率和持续发展能力的方向。现代育种技术的发展一方面极大地改善了传统农作物的产量,而且针对性地给作物赋予某些新的特性,提高其对不良环境的抵抗能力或改善其品质。在农业的微生物生产中,新一代生物农药、动物疫苗、生物肥料、生长调节剂逐渐问世,为农业生产提供了更多的化学辅助。与此同时,现代信息技术的发展更广泛地运用到农业的管理和经营当中。农业自动化控制技术、遥感技术、地理信息系统和全球定位系统的使用使得农业生产和管理由分散的、多变的、难控制的逐渐转变为统一的、系统的和可预测的,农业生产方式逐渐向自动化、精细化和精准化迈进。先进的科学技术在农业生产各个方面的广泛运用,是现代农业有别于传统农业的根本特点之一。

(二)产业组织形式的专业化、集约化

现代农业是规模化大生产的过程,单位面积劳动生产率很高,这一方面归功于现代化农业生产资料投入的增加,另一方面则是由于农业生产过程中专业化的组织体系日渐成熟。农业生产的地区分工逐渐形成,农业企业的规模也在相应地逐步扩大,小而全的自给自足生产逐渐被高度专业化的生产所代替,大型的农场、牧场逐渐增多,农业的集约化、规模化程度不断提高。

(三)产品的生产与经营商品化

市场经济体系是现代农业发展的制度基础和前提。现代农业生产除了保障基本的国家粮食安全之外,主要目的在于为市场提供商品并获得利润。市场机制在资源配置中发挥主导作用,农业从生产成果到手段普遍商品化,如各种中间产品、劳务和消费品以及其他农业生产要素,包括各种农业机械、肥料、农药、兽药、良种等,农民的生活消费也普遍成为商品性消费,它们都进入大市场的交换领域,农产品商品率得到前所未有的提高。完全商业化的"利润"成了评

价经营成败的准则,农业生产很大程度上是为了满足市场的需要。市场取向也成为现代农民采用新的农业技术、发展农业新的功能的动力源泉。无论是种植经济向畜牧经济转化,还是分散的农户经济朝合作化、产业化方向转化,以及新的农业技术的使用与推广,很多情况下也都与农产品市场的状况密切相关。

(四)现代农业具有多种功能和多种形式

现代农业正在由传统的初级农产品生产向着以农产品生产为基础的农产品加工、化工、能源、观光休闲等领域拓展,农业的结构和功能正在发生明显的转变。现代工程技术、智能控制技术的迅速发展和应用,使传统农业由单一的植物性和动物性初级生产转变为工厂化产品的生产且所生产的商品种类繁多,农业与工业、第三产业的联系越来越密切,农产品加工业以及多种形式的农村工业迅速发展。

同时,随着经济的快速发展和人们收入水平的提高,人们对农产品的消费需求也由过去的解决温饱转变为现在的讲究营养、方便、舒适、美观等,且在人文、环境等多方面提出了新的需求。这些新的需求也驱动了农业生产经营者对农业进行多方位、多层次开发,把农业生产及加工转变为更多的、能够现实地满足人们更高需求的产品和服务,扩展了农业产业的发展空间。假日农业、休闲农业、观光农业、旅游农业等新型农业形态也广泛兴起并迅速发展,除了农产品供给以外,还具有生活休闲、生态保护、旅游度假等多种功能。

(五)现代农业是可持续发展农业

生态农业或可持续农业逐渐成为现代农业的共同发展模式。现代农业是资源节约型、环境友好型农业,将农业经济的增长与农业生态环境的改善结合起来,避免掠夺式的发展模式,强调对于土、肥、水、药和动力等资源投入的合理和高效利用。同时,现代农业注重对农业生态系统结构的优化,最大限度地挖掘动植物自身的生产潜能,实现生态平衡。

三、现代农业的主要形式

(一)集约持续农业

集约持续农业是指在实现农业生产过程中,通过调整和优化结构,依靠科技投入来增加产出率,保持农业生态平衡,逐步建立资源节约型、经营集约化、生产商品化的农业生产方式。它的特点是:集约耕作,将提高土地利用率放在首位,努力提高单产,实行精耕细作;高效增收,将提高经济效益、增加农民收入放在重要位置;持续发展,强调自然生态与人工生态相结合,提高农业综合技术生产能力。

集约持续农业强调产量持续性、经济持续性与生态持续性。具体内容包括：依靠科技进步实现传统农业技术和现代高新科技的结合，以技术和劳力密集型的现代农业生产体系为主，保护资源和农村生态环境，保证农民收入持续稳定增长，发展多种经营方式、多种生产类型、多层次的农业经济结构，逐步实现农业现代化、农村工业化、农村城镇化、农民文明化和城乡一体化。科学开发、合理利用资源，保护农村生态环境，重视提高农民素质。把农业和农村发展联系在一起，从而推进农业向专业化、社会化、商品化和产业化发展，实现农业现代化和工业化、农村城镇化、农民文明化和城乡一体化的高层次结合。现代集约持续农业是可持续发展理论在农业方面的运用，它以资源的可持续性利用和良好的生态环境为基础，以经济发展的可持续性为前提，以经济效益、社会效益和生态效益的统一为最终目的。它的建立有赖于人口、经济、社会、资源、环境关系的全面协调。

（二）循环农业

面对日益突出的能源紧张、资源短缺、生态环境破坏等问题，人们逐渐在农业中广泛采用了循环经济的理念，最大限度地减少副产品和废弃物排放，转化为"资源—产品—再生资源"的闭环式模式。循环农业就是按照循环经济理念，通过农业生态经济系统设计和管理，实现物质能量资源的多层次、多级化的循环利用，达到农业系统的自然资源利用效率最大化、购买性资源投入最低化、可再生资源高效循环化、有害生物和污染物可控制化的产业目标。

为了实现资源的高效利用以及废弃物排放的大幅度减少，建立合理高效的循环农业体系，需要遵循以下原则：① 科学化输入外部投入，尽量减少不合理的外部投入。② 充分利用光、热、水分等自然资源，尽量进行循环化高效能的利用。③ 科学利用农业生产过程中残留剩余的秸秆、粪便等中间资源，尽可能实现多级再利用。④ 尽量减少污染物的排放。

目前，循环农业的发展模式主要有以下两个方面：① 利用不同作物生物学特性差异，以间作、套作、复种、轮作等种植方式，通过对资源的多层级利用实现资源在空间、时间及类别上的互补利用，减少外部投入。立体种植在我国历史悠久，形式也较为丰富，已形成多种具有区域特色的技术模式。② 采取种养链循环生产模式，对作物秸秆、动物排泄物、废弃物等非目标性产品进行科学的再利用，同时在农业生产过程中将种植业与畜牧业相结合，实现农产品的多元化，而且可以最大限度地将非目标性产品转化为目标性产品，达到物质的良性循环多级利用，初级生产与次级生产协调促进，是增加经济产出与效益的重要手段。例如一些以粮猪为代表的农牧结合循环模式，以秸秆牛为代表的草畜结合循环模式,以桑基鱼塘为代表的基塘循环模式等,结合沼气发酵,实现对于非目标性产品的综合利用。

(三) 有机农业

有机农业思想最早出现在我国。现代有机农业的理念某种程度上类似于我国早期的传统农业的思想,即完全不用或基本不用化学品的农业生产体系。1924 年德国首先提倡农作物有机栽培法,希望以耕作技术来取代化学物质的使用。20 世纪 30 年代,英国农学家霍华德(A. Howard)正式提出有机农业的概念。1945 年美国学者罗德尔(T. I. Rodle)在其著作《堆肥农业与园艺》中论证了大量使用化肥和农药的害处与有机肥在培养地力上的优越性能,有机农业主张只依靠农业生态系统本身,通过实施间作套种和轮作复种,增施有机肥,来促进农作物的生长,提高农产品产量。它的含义是不破坏环境,维护地力使其不衰退,生产健康美味的食品。目前有机农业在日本、美国、澳大利亚等国得到比较好的发展。有机农业在降低生产成本与能耗,保护环境和提高农产品质量上有明显的优点,欧美、日本等国家及地方政府对其进行鼓励,并通过颁发有机农业证书,对提高其农产品价格给予支持。

(四) 生物农业

生物农业是指以应用生命科学理论和生物技术为主要依托,发展方向为取得更高的效益和获得更高的附加值的农业生产方式。生物技术、育种技术在农业当中的应用大大改变了农业生产面貌,在农产品、畜产品产量和品质的改善方面发挥了重要作用。通过生物技术进行遗传改良的动植物优良品种逐渐在现代农业中广泛使用并取得了突出的成效,越来越多的抗虫、抗病、耐除草剂、抗倒伏、产肉、产蛋量高的动植物优良品种被选育并采用。利用生物技术改造动物、植物、微生物等,使其获得人们所期望的品质、特性。同时,为了尽可能减少工业辅助能的投入,保持生态平衡,积极发展不同种类的生物用于生物防治、生物修复等领域。通过生物防治技术减少农业化学品的使用量,通过固氮生物实现养分高效利用,利用植物、动物和微生物吸收、降解、转化土壤和水体中的污染物等技术都逐渐成为现代农业的重要发展方向。

(五) 都市农业和休闲农业

现代农业正在朝观赏、休闲、美化等方向扩展,假日农业、休闲农业、观光农业、旅游农业等新型农业形态也迅速发展。都市农业是依托大城市的科技、人才、资金、市场优势,进行集约化农业生产,为国内外市场提供名、优、特、新农副产品,并具有生态、休闲娱乐、旅游观光、教育、创新等多功能的现代农业。除了农产品供给以外,还具有生活休闲、生态保护、旅游度假、文明传承、教育等功能。伴随着生产力水平的提高,都市农业的发展是农业与工业进一步融合的结果,在经济上依附于都市经济,在功能上能够满足更多方面的需求,在形式上也更为多样化。同时注重农产品科技含量的提升,并形成较长的农业产业化链条,建立复合型的农业产业结构。

第二节　现代农业的发展历程

　　农业起源于石器时代,是历史最悠久的经济部门,世界农业的发展经历了不同的发展阶段。按照通常的划分方法,农业经历了原始农业、古代农业、近代农业和现代农业几个不同的历史时期。其中原始农业、传统农业可以说是古代农业的主要形式,是由原始农业、传统农业向近现代农业转变的一个相当长的历史阶段。在此期间,虽然农业生产的各个方面都取得了重大的进步,但从总体而言,这一时期的发展速度较缓慢。近代农业也可以看作现代农业的起步阶段,是一个由工业化引起农业生产方式发生大规模转变的准备阶段。而伴随着战后世界经济较发达国家农业生产方式的变革以及农业现代化程度的不断提高,现代农业也进入了其快速发展的标志性时期。

一、近代农业概况

　　欧洲在13—17世纪兴起了文艺复兴运动,各国在社会政治、思想文化方面都发生了巨大的变化。伴随着地理大发现的发展,人们开始在世界各国寻找着新的贸易对象,发现了许多当时不为人知的国家与地区,东西方之间的文化、贸易交流活动日益频繁,促进了各国农业动植物产品的交流与传播,其中包括重要粮食作物和蔬菜品种等,对其后世界农业生产布局具有深远的影响。地理大发现一方面促进了农业资源的交流,另一方面使人类开始站在一个全新的高度认识人与自然的关系,探索生物起源、生长、繁殖的普遍规律。英国生物学家达尔文首次提出了"进化论"的观点,并在1859年发表其代表性著作《物种起源》,解释了生物进化与自然选择的普遍规律。1840年德国化学家李比希出版了《有机化学在农业及生理学上的应用》一书,提出了说明作物生长同无机养分之间关系的矿质营养学说,为化学肥料的使用奠定了理论基础。1865年,奥地利遗传学家孟德尔根据豌豆杂交实验的结果,认为染色体含有遗传因子并提出了孟德尔遗传学定律,同此后的摩尔根遗传学理论共同被认为是现代遗传学和育种学的基本理论基础。1882年法国波尔多的米亚尔发现了硫酸铜和石灰混合可以防治葡萄病害,发明了波尔多液,自此开创了人类使用无机杀菌剂防治植物病害的先河。这一时期,大量地理、生物、化学的研究成果不断涌现,为现代农业的发展奠定了坚实的理论基础。

16—18世纪,欧洲各国封建制度逐渐瓦解、土地关系发生变化,旧的生产体制也随之消失,工场手工业逐渐发达。这一时期,各国的人口开始迅速增加,特别是城市人口的增加使得人们对农产品的消费水平大幅度提高,且消费方式发生了明显的改变,对经济作物的需求逐渐增加,这些都对农业发展提出了新的要求。与此同时,随着工业革命的发展,工业领域对农产品原料也产生了新的更大的需求。在这种双重需求的刺激下,农业用耕地的面积逐渐增大,农业产业结构也进行了一定的调整,农产品的工业化、商业化程度逐渐加大。

这一时期,世界农业生产的技术基础和农业生产水平都有了长足的发展。农业生产工具逐渐进步,人们开始研制各种农业机械。19世纪以后,农业机械由以手工工具为主过渡到以各种农业机器为主。最初使用的为马拉的农业机械,19世纪20年代,在美国已经能买到马拉的玉米中耕机和耧草机、马拉的谷物条播机和干草压捆机等。19世纪初,瓦特的蒸汽机开始被广泛应用到农业生产当中。1800年前后,美国西部大农场就出现了以蒸汽为动力的拖拉机。1931年,柴油拖拉机诞生。此后多种农业机械迅速发展,劳动生产率大幅度提高。同时,随着世界各国农业生产专门化和地域化的发展,农产品贸易量在显著增长,范围也不断扩大。世界农业逐步走上了产业化、规模化生产的发展道路,进入一个全新的发展时期。

二、现代农业的快速发展

随着越来越多的科学技术的成果被大量引入农业领域,现代农业逐渐进入一个高速发展的阶段。第二次世界大战后,经过短短60多年的发展,农业生产方式和农业布局发生了重大的变革,农畜产品产量成倍增加,劳动生产率普遍提高。

从20世纪50年代开始,人工合成氮肥的数量迅速增加,多种形式的氮肥被生产出来并被用作农业生产的化学辅助能。化肥便于运输和机械作业,有效成分含量高,发挥肥效也较快。20世纪初期,全世界每年生产化学肥料不到500万吨,施肥面积很小。到20世纪末,世界生产化肥已达1.4亿吨。其中氮肥9100万吨。化肥在全世界的普遍应用使粮食生产大幅度增长,是保持农业持续高产的重要因素。同时从20世纪三四十年代开始,化学杀虫剂和除草剂在农业中广泛应用,这些化学药剂挽回了全球大部分因病、虫、草害造成的农业经济损失。这一时期,大量人工合成的化学物质被作为农药用于抵抗有害生物,这些化合物的数量和种类都在逐年增加,全球农药贸易额持续增长。2000

年全世界农药有效成分的产量达到243万吨,其中除草剂占36%,杀虫剂和杀菌剂占35%,其他类农药占29%。

多种形式农业机械的使用是现代农业生产工具的典型特征之一。柴油拖拉机的广泛应用推动了其他类型农机具的改进和发展,主要发达国家相继于20世纪50—70年代基本实现了农业机械化。从田间作业、谷物生产到经济作物生产和畜牧业等方面,通过各种组合机械、联合收获机等把收割、捆束、拉运、碾场、翻场、扬场等多道工序一并完成。此外,设施农业也得到了高度发展。人工建造的农业设施,为种植业、养殖业及其农产品的贮藏保鲜等提供了良好的环境条件,是获得速生、高产、优质、高效的农畜产品的农业形式。同时将信息技术、计算机技术运用其中,现代化农业设施可调节光、热、水、气、矿质营养等生物要素,能把外界环境的不良影响降到最低限度,克服传统农业的限制因素,加强资源的集约高效利用,形成高效生产。在畜牧业中,出现了封闭式、半封闭式、自动化的养鸡场、养猪场和工厂化的养牛场,从给料、饮水、清粪、舍内温度、通风、湿度、光照到产品收集、包装、运送等生产环节都实现了高度机械化和自动化。在农业水利工程方面,为了克服资源条件的不利因素,世界各国都十分重视农田灌溉工程和农业节水措施,以喷灌、滴灌等为代表的节水灌溉技术逐渐被大规模使用,同时各种水利工程和设施在世界各国广泛兴建,有效地提高了农业用水的利用效率。

在生物科学和作物育种方面,现代遗传学的发展为现代育种学打下了坚实的基础,各种作物种质资源逐渐被开发,这也促成了20世纪60年代在亚洲、非洲、南美洲的各国兴起了粮食生产的"绿色革命",具有优良产量性状的矮秆小麦和水稻品种被引种到这些国家。在这些高产品种的带动下,结合化学辅助能的投入,一时间各国家主要粮食作物产量大幅度上升。20世纪50年代开始分子生物学的发展为现代分子育种带来了福音,基于分子生物学理论的现代生物技术实现了对生物的遗传信息的实验改造,生物物种间可以进行基因的转移和重组,通过对农作物的遗传改良,将某些新的特性注入农作物品种,显著提高了其抵抗不良环境以及病虫危害的能力。20世纪90年代以来,农业生物技术在世界范围内迅速发展,一大批抗虫、抗病、耐除草剂和高产优质的农作物新品种培育获得成功,加快了世界农业现代化的脚步。

随着世界农业专业化和区域分工格局的确立和发展,世界农产品贸易变得空前活跃。1992年世界农产品进出口贸易额比1971年增长了6.25倍。粮食贸易量在第二次世界大战后的初期只有4 000多万吨,20世纪50年代为5 160多万吨,20世纪70年代增至1.5亿吨,20世纪80年代增至2.2亿吨。由于地域性的农业生产日益明显,加之不同国家和地区间粮食生产不平衡,世界粮食贸易迅速扩大,一些国家对国际农产品贸易的依赖程度日益加深,另外一些农产品出口国则愈加依靠国际市场来出口本国剩余的农产品。伴随着农业产业结构的调整,经济作物、饲料作物、粗粮等在国际贸易中所占比例也在逐年增加。发达国家是世界农产品贸易的主体。北美洲的美国、加拿大、大洋洲的澳大利亚和拉丁美洲各国一向为世界粮食、畜产品及经济作物的主要净出口国。亚洲国家也是世界农产品进出口贸易的主体,同世界农业生产大国进行着频繁的农业贸易往来。同时,随着农产品产量的持续上升,大批的农业劳动力被解放出来,各国城市化水平不断提高,发达国家从事农业人口的比例逐渐缩小。农业生产也开始逐步由种植业、养殖业延伸到农产品加工业和农村工业等方面,由第一产业逐渐向第二、第三产业延伸,以市场为导向,注重合理安排农业资源配置,在满足民众基本需求的同时提高农副产品的附加值,获得更大的经济效益。

20 世纪 50 年代以后,在化肥、农药、农业机械、水利和良种的共同支持下,农业表现为"高投入、高产出"的发展形态,这一时期的农业也被称为石油农业。随着石油农业的高速发展,其弊病也开始逐渐凸显。化肥、农药的使用虽然可以显著提高产量,但随着施用年限的增加,其比较效益逐年下降。化肥的过量使用导致了地力的下降,也导致了土壤、大气和水体的污染,对人类健康构成威胁。杀虫剂、除草剂的广泛使用引起病、虫、草害抗药性的增加,迫使人们去开发新的化学药剂,曾经被广泛使用的 DDT 等有机氯杀虫剂成为所有生物共同的威胁。这些农药的足迹已无所不至,从广阔的海洋到终年冰封的南北极,甚至在冰雪极地的企鹅体内,都检验出了有机氯农药的污染。化石燃料的燃烧,氮氧化物的释放加重了温室效应、臭氧层破坏并导致了酸雨的形成。过度开发和使用水资源特别是淡水资源和地下水资源加剧了水资源的紧缺。专业化与规模化生产的发展,使种植作物趋于单一化,导致农业生态系统的生物多样性下降,生态脆弱性加大。石油农业的种种负面效应使其获得的经济、社会、生态效益大打折扣,从合理开发利用资源、实现农业可持续发展的角度出发,人们不得不重新思考现代农业的发展方向。

三、现代农业现状

面对现代石油农业带来的种种弊端,现代农业在发展思路、技术体系等方面都进行着新的改进和突破。1972 年,在瑞典斯德哥尔摩召开的联合国人类环境会议上,发表了《联合国人类环境宣言》(简称《人类环境宣言》),以欧美等发达国家为主的世界许多国家和地区都开始探讨新的农业生产体系,以缓解高能耗、高投入的石油农业所带来的负面效应。可持续发展逐渐成为世界各国农业生产的基本理念。

在减少外部投入方面,发达国家开始逐渐注重提高化肥的利用效率,相继出现了多种形式的复合肥料、长效肥料、微量元素肥料、缓释肥料和肥料增效剂等产品,以最大限度地减少肥料的浪费,并结合平衡施肥、配方施肥等科学的作业方式,防止过度施肥的发生。随着生物技术的发展,对生物固氮这一自然界自发固氮机制研究取得了重大的进展,其中包括化学模拟固氮酶的作用原理,发展绿色合成氨工艺,或者将固氮基因或固氮生物引入农作物,发展各种微生物肥料,增加生物固氮,减少化学肥料的使用。利用信息技术发展精准农业,准确到特定地块,实现从播种、灌溉、施肥到收获的全过程的精确管控。同时,加大力度开发高效、低毒、低残留的新型农药,积极采用生物防治技术,通过生物工程技术制成微生物农药,减轻农药对人畜的毒害,保持生态环境健康平衡。

在保护自然资源方面,通过合理安排种植制度,提高对光、热、水、土等资源的利用效率,强调采用作物轮耕混种、使用固氮植物、施用腐殖质肥料,以及将作物秸秆、畜牧粪便和有机废物还田等技术措施来保持土壤肥力,保持农业生态系统的稳定性和持续性。大力发展循环农业,合理利用农业生产过程当中的副产品和废弃物,在实现农业产出多样化的同时实现资源的循环利用。通过对生物能源、水力、风力、太阳能等再生能源的发掘来减轻能源压力。注重保护森林和草地资源,缓解因过度耕作、过度放牧引起的土壤退化、盐渍化等问题。

在农业生产组织形式方面,农业科技的发展不仅仅带来了农业生产效率的提高,也使得地区间农业生产布局更加趋于合理化。农业生产的自然属性决定了其在很大程度上受气候、地形、土壤等自然环境属性的制约,因此地区间往往具有一定的差异性,充分发挥地区优势,宜农则农,宜牧则牧,发展多元化的农业结构,往往具有更高的经济效益和生态效益。依托于先进的农业科技和农业基础设施,农产品生产可以更加强调以市场需求为导向,在满足民众基本食物需求的同时提供更加多元化的产品,建立具有鲜明地区特色的区域特色农业,深化农产品加工,使农业产业链进一步延长。农产品生产在保证产量的同时注重提高质量,自然农业、有机农业、绿色农业开始拥有广阔的市场,一方面以可接受的价格向大众提供绿色食品,另一方面实现了对生态环境的恢复和保护。

现代农业发展至今,其取得的巨大成就是历史上任何一种农业形态都无法相比的。现代科技的进步也使得农业生产方式逐步变革,农业的功能也由第一性生产逐步转变为兼具有产品加工、生态保护、生活休闲等多种功能的综合性产业。目前,农业现代化是世界农业发展的总体趋势,但由于各国自然资源、经济社会条件的差异,地区间的农业发展不平衡的现象仍然存在。我国是一个农业大国,近年来农产品产量持续上升,发展现代农业也是我国农业的发展方向。我们应在追求产量的同时提高品质,更科学合理地利用自然资源和农业辅助能,进一步优化农业产业结构,发展多种形式的现代农业模式,提高农业的综合效益。

第三节　中国农业科技发展的战略需求

一、保障国家食物安全,提高农业科技核心竞争力和农业综合生产能力

解决十几亿人口的吃饭问题始终是中国农业发展的首要任务。近几年,中国粮食生产虽然已经取得"七连增"的巨大成绩,但农业基础设施差、抗风险能力弱、比较效益偏低等问题依然存在。未来随着社会的不断发展,中国人多、地少、水缺的趋势不可逆转,城乡居民对粮食等主要农产品的需求将会持续增加,中国粮食安全面临更加严峻的形势。解决粮食等主要农产品总供需矛盾,确保粮食安全,必须依靠科技创新,在科技研发整体上采取强有力的措施,从根本上提高农业科技的核心竞争力,大幅度提高农业土地生产率,从根本上提高农业综合生产能力。一是要大力加强农业基础研究,推动优势科研领域取得新突破,培育新的科研增长点,全面提高原始创新能力,力争在基本理论、前沿技术、重大知识产权成果创新等方面取得新的突破,为跻身世界农业科技先进行列奠定坚实基础。二是要加快推进农业生产关键技术和共性技术研究,着力突破农业发展的技术瓶颈,为培育现代农业产业体系提供科技支撑,积极抢占现代农业高技术领域的制高点,力求在农业科技国际竞争中掌握主动权。三是要大力发展农业战略性新兴产业,认真分析、把握中国农业比较优势,着眼国民经济长远需求,扶持发展一批农业战略性新兴产业,如生物育种、生物肥料、生物农兽药、智能农业机械等,确保在未来中国农业生产主战场占据产业主体地位。

二、加快建设现代农业,转变农业发展方式

中国农业正处于从传统农业向现代农业加速转变的关键时期,加快建设现代农业,转变农业发展方式是"十二五"农业发展的核心任务。目前,中国农村剩余劳动力仍在加速转移,即将或已进入刘易斯转折点,这对农业现代化建设提出了新的挑战和要求。按照"高产、优质、高效、生态、安全"的总体要求,建设现代农业,必须推进农业科技进步和创新,加快发展规模化、标准化、设施化和智能化种养,大幅度提高农业技术装备水平,促进农业发展方式尽快从资源依

赖型向技术创新驱动型转变,全面升级农业产业。

　　近年来,中国农业机械化水平不断提高,中国农业装备产业持续快速发展,2000 年、2005 年和 2009 年农业装备产业总产值相继突破 500 亿元、1000 亿元和 2000 亿元,连续 5 年增长幅度超过 25%,未来农业装备产业市场发展前景广阔。但总体上,中国农业装备产业与发达国家相比有较大的差距,主要表现在产业分散、规模小、产品门类少、品种结构不合理等。中国农机产品品种仅为发达国家的 1/2,且主要集中在田间作业方面,产品以中低端为主,自主高端产品匮乏,整体技术水平不高。最核心的问题是缺少原创和核心技术。长期以来,中国农机工业基本上走的是技术引进、跟踪模仿的路子,自主创新投入少,核心部件、重要产品和工艺技术几乎全部依靠引进,如 200 马力以上拖拉机及配套机具进口依存度在 90% 以上。发达国家凭借领先技术形成大型农机市场垄断,给中国农业及粮食安全带来现实威胁和潜在隐患。因此,中国农业装备产业发展面临拓展领域、增加品种、完善功能、提升水平的多重挑战,要围绕产业技术创新链,重点做好:① 开展先进适用,安全可靠,节能、降耗、减排,生产急需的农业机械研发,重点发展大型化、多功能、高效、智能化、自动化农业装备。② 开发从种子生产、耕整种植、田间管理、收获加工、秸秆利用的全程作业技术装备,优化农机装备结构。③ 加快农机化新技术、新成果的中试和熟化,实现农业装备的数字设计和集成精工制造,增强中国农机装备产业的竞争力。④ 研发和建设连栋智能温室、日光温室、钢架大棚、田头冷柜等设施,提升设施农业装备和技术水平,提高农产品均衡供应能力。⑤ 改善农机化技术推广、农机安全监理、农机试验鉴定等公共服务机构条件,完善农业、气象等方面的航空站和作业起降点基础设施,扶持农机服务组织发展。

三、应对资源环境压力,促进农业可持续发展

　　据统计,我国有 40% 的耕地处于不断退化的状态,30% 左右的耕地不同程度地受水土流失的危害;全国草原退化面积达 0.67 亿公顷,目前仍以每年 130 多万公顷的速度退化;旱涝灾害,病、虫、鼠害,低温冻害,高温热浪及地震、风暴等自然灾害频发,给农业生产带来巨大损失;全球气候变化对农业生产的影响日益突出。目前,中国农业发展在面临耕地和水资源严重短缺的同时,存在资源综合利用水平不高、农业面源污染不断加剧、污染物无害化处理能力低等问题,再加上气候变化对农业生产的负面影响不断加剧,资源环境对农业发展的约束日益严重。为有效缓解对农业资源的过度使用问题,改善生态环境,缓解资源环境压力,急需加强资源环境领域重大共性关键技术研究,必须依靠农业科技,创新资源高效利用技术,大力发展节约型农业、生态农业、循环农业、低碳

农业技术,加快开发清洁生产集成技术,建立实现"低耗、高效、持续"的农业发展模式,大幅度提高资源利用效率,增强农业抗风险能力,建立起人口、资源和环境良性互动机制,确保我国农业及整个社会的可持续发展。

四、提高农业国际竞争力,引领国际农业科技发展

在经济全球化的今天,农业领域也日益成为国际竞争的焦点。从国内外现代农业建设和发展的实践看,现代农业发展的支撑力主要来自农业科技进步,农业竞争实质上就是科技竞争,自主创新能力是科技竞争的核心。目前,中国大豆进口量已经达到5 000多万吨的水平。随着全球农产品市场竞争程度的加剧,中国农产品的进口量仍有进一步增加的可能。提高中国农业的国际竞争力,进一步减少国际农产品市场对中国农业的冲击,就必须加快现代农业生物技术、信息技术、生物质能源和资源环境技术在农业领域的应用与产业化。大力加强农产品质量安全体系建设,加快制定、完善中国农产品贸易的技术标准,建立与国际接轨的检验体系和认证体系,提高应对技术性贸易壁垒的能力,构筑中国自己必要的、合理的贸易技术保护。加快农业前沿领域的原始创新,依托科技力量打造农产品优势品牌,促进中国农产品贸易走品牌之路。有效增加科技储备,引领国际农业科技发展,力争占据农业科技和产业发展制高点,全面提升中国农产品的市场竞争能力。

五、加强科企联合,组建大型农业科技研发联合体

在目前中国科技竞争力和农业企业实力与发达国家及大跨国公司之间存在巨大差距的情况下,加强各创新主体的联合协作,推进科研院所、高等院校与农业企业的联合,形成新的科企结合的竞争主体或战略联盟,是迅速提高整体竞争力的最有效、最切实可行的途径。要采取有力的政策措施,鼓励探索组建不拘一格多种形式的产业技术创新战略联盟,大力推动科企合作组建新的科技型企业,努力促进科企合作开发新品种、新技术,创造条件鼓励科研单位进入企业并成为企业科技主体。总之,要充分发挥科研单位、高等院校和农业企业的各自优势,形成具有中国特色的农业科技大型企业集团,实现产学研、产加销、育繁推的结合和一体化经营。要建立有利于科研人员在企业和科研机构之间流动的政策机制,鼓励科研机构的研发人员为企业技术创新、为科研与生产结合做出更多贡献。要突破资金瓶颈,为农业企业上市营造条件。

第四节 现代农业的发展趋势与展望

一、现代农业的发展趋势

在市场经济快速发展、科学技术不断革新的大背景下,在经济全球化浪潮的推动下,现代农业具有生产集约化、全球商品化、科技化、模式多元化、非农化、可持续化、信息化等特征。

现代农业的发展必须以产业化为途径,通过多种形式来实现农业生产产业化、农业经营一体化,形成专业化、科技化、规模化和商品化的农业生产新格局,而农业产业化的实现必须依托于农业科技的不断发展。现代农业的发展将呈现出以下趋势:

(一)高科技农业——现代农业发展的新常态

发达国家的现代农业发展证明,科学技术是发展现代农业的根本性力量,高科技的应用成为现代农业的显著特征。我国的农业发展仍处于农业现代化的初级阶段,石油农业(机械化农业)极大地推进了我国农业现代化的发展,但其必须依赖于大量化石燃料的消耗,不仅会加快化石能源的枯竭,还会严重污染空气、农田。因此我国现代农业发展的一个显著趋势是跨越石油农业,走向高科技农业。

科学技术应用于现代农业发展中,不但可以提高农产品产量、改善农产品质量、减轻劳动强度,而且可以从根本上减少能源消耗和改善生态环境。科技化现代农业发展趋势包含:

1. 以生物技术为核心的科学技术将引领现代农业飞速发展

目前我国动植物品种主要通过传统育种的方式培育出来,品种更新速度慢。未来必须以系统生物学为理论与技术指导,通过基因型分析,综合应用细胞工程、染色体工程、分子标记辅助选择、基因克隆与转基因等技术大规模挖掘和利用动植物种子资源,并利用分子设计育种培育出突破性品种,为农业发展提供良种保障。

2. 以资源节约型农业科技促进现代农业的可持续发展

目前我国耕地面积与质量逐年下降,农业大多仍以小农形式发展,农业资源的投入与浪费现象日趋加重。未来必须基于 GPS、GIS 等遥感技术和自动化监测技术,构建智能化监测体系和分布式数据采集管理平台,实现对土壤肥力、环境质量的评价;通过工程技术,建立消耗最小的输水系统,自动化墒情预报、田间灌溉系统,发展旱地综合节水农业;利用亲水性高分子材料研发生产复合高效、缓释、环境友好型肥料。实现耕地资源的集约化利用、耕地质量定向培育、农田生态系统节水节肥,降低能源消耗,增强农田水土保持能力。

3. 以农业生产安全与食品安全科技保障现代农业的安全发展

目前我国农业生产过程中,农药、激素的过度利用导致食品安全问题屡屡出现,严重威胁人类健康与生态环境。未来必须优先注重环境与健康,研发有机食品和无公害食品生产技术,用农业生物肥料替代化学肥料,研发新型农药和生物综合防治技术,加强动物粪便无害化处理,实现水质污染和土壤污染的生物修复,保障动植物生存环境安全健康。强化动植物"生物强化"育种技术和施肥灌溉技术与饲养管理技术,注重发展蛋白质组学和基因组学,生产富含某些营养素和具有保健功能的特色食品;研发农产品生产过程中质量安全监控技术,建立危机快速评估汇报系统,实现"从农田到餐桌"的全过程监控管理。

4. 以农业高新技术的应用拓宽现代农业发展领域

近年来精确农业在发达国家悄然兴起,在农业生产的土地或空间上根据作物不同的生长潜力投入不同水平的农业资源(肥料,病、虫、草害防治剂等),从而实现农业生产的精准化、节约化。在我国,精确农业也有一定的发展,但仅仅处于开端阶段,要实现农业现代化,就必须把精确农业作为现代农业发展的重要分支。加快对全球定位系统、地理信息系统、传感器、遥感、农业专家系统等技术的研究发展,构建可以集农业资源调查、动植物生产过程信息采集、农业数据资源共享于一体的平台系统,实现对农业发展中资源、生产、气象、储存、运输、加工、销售的网络化管理;运用作物模拟及调控模型、智能农业决策支持系统和智能机械精准作业系统实现对作物生长过程、生理生态变化的模拟,实现大田农业的精细管理与生产。此外,利用农业高新技术使农业生产脱离土地,衍生出新的发展领域与方式,如以微生物为核心的白色农业、以海洋生物资源为依托的蓝色农业、利用航天技术选择优良品种的太空农业等。改变农业的传统生产模式,扩大、延伸现代农业的内涵。

(二)多功能农业——现代农业发展的新模式

2007年中共中央一号文件提出:农业不仅具有食品保障功能,而且具有原料供给、就业增收、生态保护、观光休闲、文化传承等功能。建设现代农业,必须注重开发农业的多种功能,向农业的广度和深度进军,促进农业结构不断优化升级。这表明现代农业的发展必须探索多功能模式。目前我国农业发展以实现农业的经济功能为主,大多停留于食物供给、工业原料供给、农民收入保障和拉动内需等层面上,而几乎没有实现与农业的经济、生态、文化、社会和政治功能紧密相连的农业产业旅游功能。农业产业旅游功能是现代农业发展的重要模式,同时为旅游业提供了广阔前景。随着现代社会工业化、城镇化进程的加快,现代农业将拓展出休闲观光、生态保护和文化传输等功能。

1. 休闲观光功能

促进现代农业朝休闲、观赏、美化等方向发展,以农业资源、动植物资源为基础,运用农业区域发展与规划原理,在都市周边、旅游景区附近发展都市农业、假日农业、休闲农业、观光农业和旅游农业等新型农业模式。

2. 生态保护功能

农业现代化进程中,农业生态环境恶化日趋明显,直接阻碍着现代农业的发展,严重制约着农业经济和社会发展,因此发展现代农业,就要深挖农业的生态循环利用与环境修复功能。生态农业是以资源、技术和劳动集约为特征,以可持续发展为目的的一种农业形态,其发展强调用养地结合,提高农业资源的利用率以及农业废弃物的循环利用,要求农药、化肥的减量使用。生态农业的发展特征完全符合现代农业的基本要求,生态农业将是现代农业发展的必然趋势。但20多年的实践表明,在我国生态农业的发展还仅处于试点的层面,离成为农业发展主流模式还有很长一段路要走。因此发展现代农业就必须加大投入发展生态农业,从而实现自然资源的合理利用,农业资源的高效循环利用,保护生态系统中的生物多样性,促进气候调节和碳减排。

3. 文化传输功能

工业文明的不断发展导致人和大自然之间的和谐逐渐被破坏,人与人个体以及社会群体之间的裂痕逐渐拉大,生活、人文等方面均受到前所未有的挑战。我国农业文化有着数千年的历史,不仅可以克服现代农业发展过程中所产生的不良后果,还具有传承优秀传统文化,塑造和提升自身形象及区域形象,为消费者提供赏心悦目的农村风光和休闲体验场所的功能。因此,现代农业的发展必须紧扣农业文化,利用农业文化功能实现人与自然和谐共生,同时可以依托农业文化的社会凝聚功能、生产导向功能、历史串联功能、产业协调功能和生产服务功能,推动现代农业的文化发展与传承。

(三)标准化农业——现代农业发展的必经之路

农业标准化是指把农业实践经验作为基础,依托先进的科学技术,按照简化、统一、协调和优选的原则,把农业生产的全过程纳入标准生产和标准管理的范畴,把科研结果和成熟的生产经验转化为实际生产力,获得生态和经济的最佳效益,从而实现农业经济的快速发展。标准化农业要求从技术和管理两个方面来提高农业产业的质量和水平,增强农产品的市场竞争力。现代农业是以市场化和现代化为基础的农业,其注重市场化水平,要求创造市场化农产品流通价值。因此标准化农业的内涵完全符合现代农业的发展要求,现代农业发展必须重视和强调标准化农业。

目前,我国农业大多仍以家庭联产分散式发展经营,生产规模小、产投比低、标准化生产水平低、产品质量无法得到保证。因此,在发展现代农业过程中,必须实施农业标准化生产,将分散的个体和小型种养户集中起来,对其生产经营进行统一管理,同时建立具有带动示范作用的标准化种养生产区,从而实现具有特色的农业标准化区域发展。农业标准化既是现代农业生产和加工的有效手段,也是我国发展现代农业的重要战略。然而,我国目前农业标准化发展过程中,遇到的缺乏完善的标准化体系、农民参与度不高、规范标准落实不到位和监测农产品标准执行的手段不足等问题,严重制约着农业标准化发展的进程。因此,在发展现代农业过程中,还应注重构建农业标准新体系、加强对农业标准化的普及宣传、加大投入扶持教育和培养一批懂农业标准的人才队伍、加大农业标准的实施执行力度、健全农业标准化监督体系和完善农业标准化社会服务体系。通过农业标准化的实施真正实现现代农业集约化、市场化和产业化,促进农民增产增收,振兴农村经济发展,保障农产品消费安全。

(四)工厂化农业——现代农业发展的有效途径

工厂化农业是指在相对可控的环境条件下,综合运用工业化的高科技设施装备和生产流程,按照工业化的生产模式和工业化的组织管理方式,使农产品在人工创造的环境中进行全过程的连续生产。我国人多地少、自然资源匮乏、干旱、土地盐渍化、重金属污染等问题严重制约着农业的发展,而工厂化农业可以摆脱或减轻对自然界的依赖,实现周年性、全天候、反季节生产,为现代农业的发展带来了机遇和新空间。工厂化农业可以通过先进的智能化机械装备与技术、运用科学的管理方法与手段来调节和控制光照、温度、水分、营养物质等因素来满足动植物的生长、发育和繁殖需要,可以广泛应用于园艺植物、畜禽产品乃至大田作物和多年生果树等多领域的种养。因此,现代农业的发展必须面向工厂化农业,实现现代农业高效率、高产值和高效益生产。

工厂化农业具有社会、经济和生态效益相统一,高投入、高产出和高效益及可持续的特征,发展工厂化农业是推进现代农业发展的有效途径。然而,我国农业设施的应用还处于较低的水平,与实现工厂化生产还有较大距离,主要表现在工厂化农业的基础研究比较薄弱,现代生物技术、现代信息技术、现代环境控制技术和现代材料的发展较为落后,工厂化农业经济普遍效益不高等方面。因此在发展现代农业过程中,应注重工厂化农业基础研究和高科技研究协同发展,加强工厂化农业产业配套生产技术的普及与推广,建立工厂化农业现代管理制度和有效的运行机制,加强工厂化农业人才队伍建设。此外,我国地域资源特色突出,在发展工业化农业过程中应坚持走区域化发展道路。通过发展工厂化农业,实现农业产业结构的调整、农业综合生产能力的提高以及增加农民收入,最终达到现代农业"高产、优质、高效、生态、安全"的发展目标。

(五)可持续农业

可持续农业是指采取某种使用和维护自然资源基础的方式,并实行技术变革和体制性变革,以确保当代人类及其后代对农产品的需求不断得到满足的农业,即环境不退化,资源永续利用,技术上适当,经济上可行,不仅满足当代人们的生活需要,而且可以保证世世代代人们生存与发展的需求。它强调生产与环境并重,当前与长远并重,采用适当的经济技术生产体系,不搞掠夺式经营。可持续发展的核心是发展,前提是发展与人口、资源、环境的协调,两者相辅相成。现代农业是以生产、生态、生息为目标的可持续产业,它强调资源节约、环境零损害的绿色性,现代农业担负着维护与改善人类生活质量和生存环境的使命。现代农业在发展农业经济以实现经济增长的同时,切实注意保护自然资源和生态环境,做到农业可持续发展,使经济增长与环境质量改善实现协调发展。可持续发展已成为世界性的发展战略和现代农业发展的客观趋势和根本要求。可持续发展的现代农业的主要模式是生态农业。以科学原理为指导,利用动物、植物、微生物间的相互依存关系,应用现代科学技术,保护和培植、充分利用自然资源,防止和减少环境污染,形成生态和经济的良性循环,可以实现农业的可持续发展。这种具有生态文明内涵的农业模式是现代农业发展的方向。生态农业要求人们在追求经济效益的同时,注重社会效益和生态效益;在开发资源的同时,注重保护资源,尤其是土地资源开发与保护和水资源节约与高效利用相结合。专家认为,生态农业是一种久兴不衰的生产方式,它将在未来的农业生产中占主导地位。

二、现代农业发展展望

由于当前我国耕地面积逐年减少,耕地质量逐年下降,加之人口持续增加,要满足人们对粮食总量和质量的需求,给我国粮食安全带来前所未有的挑战。近年来我国政府连续将农业发展作为头等大事来对待,各种支农惠农政策的不断出台,给我国农业发展带来了机遇。我国经济、科技以及综合国力飞速发展时期,正是实现我国现代农业飞跃发展的关键时期。在这一时期,从政府到基层都应研究、学习现代农业的发展趋势,扬长避短,在做好现代农业发展基础工作的前提下,大力发展现代农业高科技,注重多角度挖掘新农业功能,加大投入发展标准化农业和工厂化农业;创造条件发展都市农业、品牌农业、创意农业、特色农业、循环农业、观光休闲农业、订单农业和立体农业等多种形态的现代农业。探索出一条具有中国特色的社会主义现代化农业发展之路,尽快实现农民增产增收、农业快速发展、农村和谐美丽的中国"三农"梦。

 复习思考题

1. 现代农业有哪些特征?
2. 现代农业有哪些主要形式?
3. 循环农业发展模式主要有哪些方面?
4. 试简述推动世界现代农业发展的主要因素。
5. 简述我国现代农业的发展趋势。

 即测即评

扫描二维码,做单项选择题,检验对本章内容的掌握程度。

参考文献

[1] 王冀川.现代农业概论.北京:中国农业科学技术出版社,2012.

[2] 邹先定,陈进红.现代农业导论.成都:四川大学出版社,2005.

[3] 芮明杰.产业经济学.2版.上海:上海财经大学出版社,2012.

[4] 骆世明.农业生态学.北京:中国农业出版社,2009.

[5] 官春云.农业概论.2版.北京:中国农业出版社,2007.

[6] 王济民,肖红波."十二五"中国农业科技发展的战略需求、发展重点与对策建议.中国农业科学,2011,44(11).

[7] 薛亮,梅旭荣,王济民,等.后金融危机时期中国农业科技发展若干问题的思考——掌握农业科技竞争主动权,迎接新一轮的世界科技革命.中国农业科学,2013,46(13).

第七章　世界农业

本章学习目标

了解世界主要国家的农业特点。

导　读

从 20 世纪中叶至今,世界农业的发展取得了巨大成就,传统农业正在快速向现代农业转变,农业科技方面取得了长足发展和巨大进步,农业产值、生产效率明显提高,农产品产量大幅度增长,实现了全世界社会农产品供求总量基本平衡,解决了全世界相当部分人口的就业问题,农业为全世界的经济发展作出了重要贡献。进入 21 世纪,经济全球化的趋势越来越明显。农业,作为世界各国的重要产业,其发展既面临新的、难得的历史机遇,也存在诸多困难和挑战。因此,了解和掌握世界主要国家农业的特点,是科学理解世界农业持续稳定发展、农产品有效供给问题的基本前提。

第一节 美国、法国、德国农业的特点

一、美国农业的特点

美国大部地处北美洲大陆南部,自然资源丰富,发展农业有得天独厚的条件。美国经过仅 100 余年的发展,实现了从传统农业向发达农业再向高效现代农业的跨越,成功地实现了农业的科学发展和可持续发展。

美国农业的特点如下:

(一) 以高度商业化的家庭农场为基础

1862 年,美国制定了宅地法,为家庭农场奠定了基础。据统计,2007 年美国有 220 万个农场,其中 191 万个农场完全由个人性质的农场主拥有,占农场总数的 86.8%。以家庭为主合作性质的农场 8.6 万个,占 3.9%;合伙制农场 17 万个,占 7.7%。销售额小于 25 万美元的小型家庭农场分 5 类:资源有限型农场、退休休闲型农场、居住生活型农场、低销售额的耕种型农场和高销售额的耕种型农场。小型农场占整个农业资产的 70%。大型农场有 3 种类型:大型家庭农场、超大型家庭农场和非家庭农场。

220 万个农场平均经营面积为 418 英亩①,其中小于 99 英亩的占 54.4%,100~499 英亩的占 31%,500~999 英亩的占 6.8%,1 000~1 999 英亩的占 4.2%,大于 2 000 英亩的占 3.6%。美国农业劳动力有 200 多万人,占全国劳动力总数的 2%左右。

(二) 农业专业化、机械化程度高

美国农业实行农场式管理、规模化经营,现代化、机械化、科技化程度高,农业生产率在世界居于前列。美国农业专业化程度很高,在园艺方面达到 98%以上,家禽 96%左右,果树大约 96%,棉花在 80%以上,蔬菜 88%,肉牛 88%,奶牛 85%左右。美国通过开拓农产品市场、高科技成果转换和优化资源配置,逐步培育和形成了农业产业区,而在农业产业区内又按照专业化的要求对经营主体即农户进行了分工,经营好的农户占有大量主要生产要素,形成了规模和竞争优势,提高了生产效率,降低了市场经营风险,加速了农户之间的兼并与重组,

---

① 1 英亩 = 4 046.87 平方米。

使农业专业化程度不断提高。

美国农业的现代化以机械化为突破口,机械化最主要的标志是拖拉机和其他农用动力机械的发明和应用。20 世纪 20 年代美国就开始了拖拉机耕地,30 年代普及,至 1959 年,小麦、玉米等主要农作物的耕、播、收粒、脱粒、清洗已达 100% 的机械化,此后又不断推出小型多功能的多品种农机和大功率、高度自动化的大型农机。2007 年美国农用拖拉机的数量高达 439 万台。有的农场主甚至动用了直升机进行田间管理,有的采用遥控拖拉机自动耕种。

（三）高度发达的农业合作社

农业合作社是美国农村的一个重要机构,是美国农村经济发展战略的一个重要组成部分。美国农业合作社形成于 20 世纪 20 年代,到 20 世纪 50 年代广泛发展、普及到主要农业产区,第二次世界大战后经历合并与专业化发展浪潮,演变为规模巨大、专业化水平很高、具有重要地位和广泛影响的经济组织。2010 年末,美国有 2 310 个农业合作社,会员 220 万(美国几乎所有的农民都加入了不同的合作社),净业务量超过 1 460 亿美元,全职员工 12.93 万,兼职及季节性员工 5.4 万人。合作社大多由农业生产者组成,是农民、农场的联合体,参与社员地位平等、相互合作,在管理模式上也是平等协商、投票表决,通过联合行动来提高社员在农产品销售、获取服务及农资采购等方面的议价能力,从而增强盈利能力。

合作社按功能主要可分为 4 类:① 销售合作社。主要销售成员生产的棉花、谷物和油料作物等农产品,占全部合作社的 50% 以上。② 供销合作社。为社员提供农用化肥、种子、饲料等农业生产物资,占比为 36%。③ 服务合作社。提供资金、汽车运输、人工播种、仓储和烘干等服务,占比 11% 左右。④ 加工合作社。这是 20 世纪 90 年代以来发展起来的新一代农业合作社,主要通过加工增值来增加会员收入。合作社的发展始终有政府支持,20 世纪 30 年代就设立专门机构引导和支持农业生产者建立合作社,目前由农业部的农村企业和合作社服务局负责。法律保障方面,从 1914 年的克莱顿法案为合作社提供了有限的反托拉斯法例外,到 1922 年的凯普—伏尔斯蒂德法案明确提出允许农业生产者联合行动并成立共同推广代理机构;财政金融方面,美政府设立专项财政补助和优惠的信贷支持,并对农业合作社实行单一优惠税制。

（四）农业是一个重要的出口创汇产业

美国是当代世界上最大的农产品生产国,也是最大的农产品出口国。目前,美国出口的农产品占世界农产贸易总额的 20%。其中,美国大豆及制成品的出口额约占该产品世界贸易总量的 50%,杂粮占 55%,小麦占 45%,棉花占

30%,稻米占28%。所以,美国农业每投入3公顷耕地,就有1公顷是生产出口农产品的。

20世纪60年代开始,美国就成了农产品净出口国,农产品出口超过进口的余额,成了该国抵偿国际收支逆差的重要财源之一。早期美国出口的农产品一半以上是烟草、棉花、畜皮等;目前,饲料谷物、大豆等成了美国出口贸易中的最大宗产品。

(五)科技进步推动了农业的快速发展

美国非常重视把新技术、新设备和新的管理方式应用于农业生产,其农业的发达与高科技的应用密不可分,科技贡献率高达80%。美国具有完善的农业科研体系。农业部是联邦政府负责农业科研的行政部门。联邦政府的科研项目主要由农业部下设的农业研究局(ARS)承担。其他科研及其推广项目一般由公立农学院和各州的农业实验站(SAES)完成。美国的农业科研系统具有布局合理、分工明确、投入主体清晰、管理方法科学、科研与生产结合紧密、成果转化率高等显著特点。而且美国私人企业的农业科研力量很强,全国有数百家与农业有关的厂商进行农业科研,科技成果在农产品种子改良、复壮、提纯等方面得到广泛应用。应该说,美国现代农业是以高科技武装起来的大农业,土壤保护、生化防虫、测土施肥、卫星定位等先进技术综合运用于农业生产中,规模大、效率高。

二、法国农业的特点

法国是一个传统的农业大国,在经历了近30年的现代化进程后,通过不断提高单产实现了生产力的大幅度提高,成为欧盟最大的农产品生产国和世界第二大农副产品出口国。该国的许多农产品产量位居世界前列。20世纪90年代初,谷物产量居世界第五位,油菜籽产量居世界第四位,牛奶产量居世界第三位,甜菜产量居世界第二位。

法国农业的特点如下:

(一)高度专业化的农业生产

法国农业的专业化可以概括为三种类型:区域专业化、农场专业化和作业专业化。

1. 区域专业化

为了充分利用自然条件和农业资源,将不同的农作物和畜牧生产合理布局,形成专业化的商品专区,根据气候、地形、地理位置、土壤特性、土地利用方式等的不同,法国农业生产分为几个十分明显的专业化商品产区:以谷物、甜菜、蔬菜为主的集约农业区;以肉、禽、蛋、乳为主的牧业区;以葡萄、经济作物、畜产和木材为主的多种经营农业区和地中海沿岸的特种农业区。集约农业区主要集中在法国北部、东北部和巴黎盆地周围。北部地区种植业占有较大优势;东北部地区以阿尔萨斯为中心,以生产小麦、玉米、大麦为主,同时大力发展甜菜、烟草、啤酒花、油菜等经济作物;巴黎盆地是法国小麦、大麦、玉米等谷物的重要产地。牧业区主要分布在西北部、中央高原、北部低地及大部分山地。西北部地区自然环境适宜,天然草地面积广阔,畜牧业发展条件良好;中央高原和北部低地拥有广阔的天然草地,饲料作物的种植面积较大,山地以养牛业为主。多种经营农业区位于法国西南部,自然条件多样,农、林、牧业多种经营,综合发展。特种农业区位于法国最南部的地中海沿岸,该区山地和丘陵较多,天然草地面积广阔,葡萄、水果、蔬菜是本区种植业最重要的产品。

2. 农场专业化

在农场专业化方面,按照经营内容大体可分为畜牧农场、谷物农场、葡萄农场、水果农场、蔬菜农场等。专业化农场大多只经营一种产品。

3. 作业专业化

作业专业化是将过去由一个农场完成的全部工作,如耕种、田间管理、运输、储藏、营销等部分分离出来由农场以外的企业来承担,使农场由原来的自给性生产转变为商品化生产。

(二)发达的农产品加工体系

法国政府非常重视农产品加工工业,以提高农产品产值。现在,法国农产品的精深加工水平比较高,几乎所有的农产品都是经过不同程度的加工后才进入市场的。90年代以来,法国农业食品工业成为法国最重要的外贸出口创汇和法国外贸顺差的最大来源部门。法国农产品加工业吸纳了70%以上的农产品,整个农业的经济效益明显上升。

(三)健全的农业教育、科研和推广体系

在法国政府的引导和推动下,法国形成了具有世界先进水平的农业教育、科研、推广体系。法国对农业科研非常重视,把增加农业科研投入视为保持农业领先水平的有效手段。法国农业生产、加工、运输的整个过程都体现了较高的科技水平。同时,法国对农业职业技术教育和农业科技的推广非常重视,成效显著。

(四)完整的农产品出口贸易体系

法国自从欧洲经济共同体农业政策实施以后,把开拓国际市场、扩大对外经济贸易作为农业发展的根本措施。从出口总量看,面粉和麦芽出口居世界第一位,淀粉和淀粉派生品出口居世界第二位。每年谷物出口的净盈额相当于法国石油进口费用的一半。农业成了法国出口贸易的一大支柱产业。

三、德国农业的特点

德国是一个高度发达的工业国,也拥有高效的农业。全国约一半土地用于农业,农业人口约占总人口的2%,农业机械化程度很高。动物生产仅次于法国,居欧盟第二位,植物生产居欧盟第四位,农产品出口名列欧盟前列,农业机械出口在欧洲保持冠军地位。

德国农业的特点如下:

德国农业以畜牧业为主,种植业与畜牧业相结合。农畜产品种类繁多,主要农作物有小麦、大麦、燕麦、黑麦、马铃薯和甜菜等,畜牧业多饲养乳用、肉用牲畜。德国是欧盟国家中仅次于法国和意大利的第三大农产品生产国。1995年,德国有农业用地面积1 730万公顷;2007年共有农业用地1 690万公顷;2012年德国农业用地面积1 670万公顷,其中农田面积1 190万公顷,饲料作物283万公顷,经济作物138万公顷……尽管农业用地面积呈逐年下降趋势,但由于在育种、培植等方面的优化,德国农作物产量却不断上升。2012年,德国的谷物产量同比增长6.8%,达到4 470万吨。

(一)农业份额低,畜牧业发达

2008年农、林、渔业产值为195.6亿欧元,占国内生产总值的0.8%。德国农业从业人口和农业企业都呈减少趋势。2008年农业就业人口85.6万,占国内总就业人数的2.13%。2007年有农业企业37.08万个,以中小企业为主,平均占有土地45.7公顷。尽管农业在国民经济中的地位下降,但德国畜牧业持续增长。畜牧业是德国大多数家庭农场重要的收入来源。利用草地合理粗放式放牧牛羊,有利于保护乡村的自然风光。

(二)家庭农场企业化、现代化

构成德国农业基础的农民家庭企业(即农民家庭农场)。德国大多数农民家庭企业都建立了正规的会计制度,进行企业核算。德国的农民家庭企业是传统农业向现代农业转变的重要形式。

同时,家庭农场完全能够容纳先进的科技手段和生产方式、实现高度现代化。在20世纪70年代,德国已实现了农业现代化,农业生产力获得突破性提高。其标志是用现代工业装备农业,用现代科学技术改造农业,用现代管理方式管理农业,用现代科学文化知识提高农民的素质,建立起优质高效的农业生产体系和可持续发展的农业生态系统。

（三）区域差异明显的农业结构

德国地区之间的农业结构有较大的区别，尤其是东部和西部之间。德国统一之后，民主德国的社会主义集体农庄经过土地私有化演变为大的农业公司，而西部地区则以小的家庭农场为主。因此，东部地区 92.9% 的农业土地为面积超过 100 公顷的大农场，平均每个农场规模为 184 公顷，而西部地区农场的平均规模仅为 26 公顷。

（四）多样化、服务优良的农民专业合作社

德国的农民专业合作社最早于 1864 年创立。迄今，德国农民专业合作社已历经一个半世纪，由小到大，由弱到强，由地区发展成为全国性合作经济组织。

适应德国农业结构的调整，农民专业合作社为农业产业一体化提供的服务形式越来越多样化和完善化。主要包括：① 以加工、销售为龙头，以农民家庭企业为基础，以合同为纽带组成的产、供、销一体化服务。② 集农业资金信贷、农资供应、农产品购销和咨询于一身的综合服务。③ 作为"二传手"推广新技术、新产品和提供咨询的科技服务。④ 由专业合作社提供的电力、农机、烘干等自助型专业服务，像电力合作社、农机合作社（农机链）和烘干合作社提供的各种服务。⑤ 合作社以有利价格从工业大批量采购工业品，以批发价格出售给中小型私人零售商业的"整购分销"服务。⑥ 建立物流中心为农民开展代理储运服务，甚至为联邦政府和欧洲共同体开展代理储运业务。⑦ 农村合作的区域联社和中央联社发挥联合优势，发展国际贸易服务，合作社的农牧产品出口额约占农业总出口额的 18%。高度发达的农民专业合作社，提升了农村服务的社会化；发达的社会化、专业化服务，提升了农业的产业化水平。

合作社为社员提供多种服务：农村信贷服务，解决社员资金困难；农业生产资料服务，供应饲料、化肥、种子和农机等，且价格便宜；加工和销售服务，包括粮食、马铃薯、牛奶、葡萄、水果和蔬菜等多种农产品；运输、仓储、农机、信息、咨询等社员需要的生产与生活方面的服务。

第二节　加拿大、澳大利亚、巴西农业的特点

一、加拿大农业的特点

加拿大是北美洲最北的一个国家，地处北纬 41°~83°，西经 52°~141°。西

临太平洋,东至大西洋,北抵北冰洋。

加拿大农业的特点如下:

(一) 农业劳动生产率高

加拿大是农业高度发达的国家,也是世界第七大粮食生产国。在农业生产总值中,种植业产值约占62%。1993年加拿大粮食产量为5 224万吨(2000年3 544万吨)。若按人口平均,其粮食产量名列世界第二(2000年1 656千克)。1994年加拿大农业劳动力只有39.2万,占全国劳动力总数的2.7%。20世纪90年代初期,每个农业劳动力的生产值高达43 000美元。

(二) 农业与食品工业相结合

根据世界银行资料,在加拿大国民经济中,一、二、三产业所占份额分别为4%、40%和56%。在第一产业中,农业又次于采矿业。但是农业和食品工业在加拿大经济中的地位比农业本身要高得多,农业和食品工业在出口中的地位十分重要。

(三) 大型家庭农场和高度发达的机械化相结合

目前,加拿大的农场总数约为25.4万个,绝大多数是家庭农场,平均规模为300公顷。100公顷以下的小农场占农场总数的45%,500公顷以上的大型农场占总数的10%,机械化程度高,其中大功率的农业机械占很大比重。各种大型和高功率的农机具互相配套,许多田间作业可以一次完成,以节省人力、降低成本。

(四) 农业生产高度区域化、专业化

加拿大主要农产品的产地高度集中。谷物生产主要在大草原三省,其中仅萨斯喀彻温一个省的小麦就几乎占了全国总产量的3/5,而阿尔伯塔的大麦又差不多占全国产量的一半。玉米的生产更加集中,安大略省的产量大致占全国总产量的3/4,大豆生产集中在安大略省。

二、澳大利亚农业的特点

澳大利亚属于典型的人少地多国家,农业资源的人均拥有量居世界前列,是世界上主要的农产品生产国和出口国之一。其草原资源十分丰富,长期以来澳大利亚都以发达的畜牧业而著称,特别是养羊产业一度非常繁荣,而种植业则相对次要。近几十年来,澳大利亚对其农业结构做出了一定的调整,种植业所占的比重逐渐上升,与此同时,有机农业和生态农业蓬勃发展。

澳大利亚农业的特点如下:

(一) 农业生产具有明显的区域性和专业性

澳大利亚的农业分布是与其自然气候条件有关的。澳大利亚全国跨过南回归线,境内大致可分为几个不同的气候区:北部为热带草原气候,中部大部分地区为干旱的热带沙漠气候,东岸为湿润的亚热带季风气候,而西南部则为地中海气候,这就形成了内陆地区干燥、沿海地区湿润的降水量环状分布的独特气候特点,而这些沿海的环状区域比较适合居住与耕种,是澳大利亚人口分布最密集的地区,同时是农牧业集中分布的地区。

澳大利亚东南部位的沿海地带雨水丰富、气候条件适宜,是粮食、奶牛等产业集中分布的地区。澳大利亚的小麦种植也主要分布在这一地区。相比较而言,大麦的种植则广泛分布在气候条件稍差一些的西澳大利亚。甘蔗的种植主要分布于炎热多雨的东部沿海地区,即在昆士兰州南部和新南威尔士北部之间的海岸线附近。该地区主要生产糖和牛肉。昆士兰地区的甘蔗主产区占到澳大利亚甘蔗生产分布面积的90%。澳大利亚大部分的棉花来自新南威尔士州,而牛奶生产则集中分布于南部的维多利亚州。

澳大利亚的农业区划一方面取决于不同地区的气候及资源环境特点,另一方面是出于对市场的需求的充分考虑,结合市场的需求选择不同地区主要经营的产品。澳大利亚地广人稀,劳动力相对缺乏,种植业和畜牧业生产的机械化程度较高,区域化的专业性生产方式有助于提高劳动生产率以及产生更大的规模效益,这也是澳大利亚农业现代化的标志之一。

(二)外向型农业,农产品出口比重大

澳大利亚的农产品种类多且产量较大。这些农产品在满足澳大利亚自身需求的同时,其总产量的一半以上都用于出口,澳大利亚农业生产对于国际市场的依赖程度较高。澳大利亚生产的棉花、羊毛、牛肉和小麦等产品都在世界农产品贸易中占有相当的份额。20世纪90年代以来,澳大利亚农产品出口收入可占到农业总产值的60%~70%。澳大利亚注重农产品的商品化,农业生产紧扣国内外市场需求,且由于人口较少,国内消费市场容量也不大,而本国生产的农产品种类多样且总产量都远高于国内消费量,因此农产品生产主要为面向国际市场的外向型农业。

澳大利亚农业生产的年际变化趋势并不稳定,农业生产表现为具有一定程度的波动性。这一方面是由于农业受国际农产品市场的影响较大,国际市场状况较好时,农业产值随之上升,反之则有所下降。另一方面,澳大利亚是典型的人少地多的国家,尽管农业生产的集约化、机械化程度都较高,但同发达国家相比,单位面积的农畜产量水平仍然较低,且农产品产量受自然不利条件的影响比较大,尤其是在水资源方面。澳大利亚是一个相对干旱的国家,旱灾时有发生,每遇干旱年份农业生产便会受到较大的影响。2002—2003年,受罕见旱灾的影响,澳大利亚的农业产值大幅度下降,远低于前一年和后一年。2004—2005年,澳大利亚东部地区发生干旱,导致了当年农产品出口量明显下降。

(三)农业发展的同时注重对生态环境的保护

澳大利亚非常重视农业生态环境的保护以及农业资源的可持续利用,农业生产建立在合理利用自然资源的前提下,即使在农产品市场行情较好的情况下也不会盲目扩大生产。澳大利亚政府非常重视保护水资源,鼓励和推广在农业生产中采用管道灌溉技术、滴灌技术和微喷灌等多种节水工程技术,并采用立法的手段,严格禁止擅自开采或在灌溉中使用地下水,保证对水资源的高效利用。在农作物的种植过程中比较注重对土壤肥力的保持,通过发展保护性耕作、秸秆还田以及有机化肥的使用等保护农业生态环境。

在发展畜牧业方面,政府注重对于草场资源的可持续利用,不会违背生态规律而进行过度放牧。澳大利亚大部分的土地归国家所有,政府可以为农民提供较长期的租赁合约和其他优惠政策来支持畜牧业的发展,但在租赁期内经营者有责任对草场进行合理的开发和使用,否则将不再拥有牧场的经营权甚至将受到相应的处罚,政府以此来保护草地资源的可持续利用。在澳大利亚,农药的使用是受到严格限制的。这一方面更好地保证了生态安全,另一方面在一定程度上提高了相关农产品的国际竞争力。澳大利亚每年都会因畜牧业而产生大量的动物粪便及排泄物,政府非常重视对于这些畜牧业排泄物的重新利用,包括用于增加农作物的养分,以及发展沼气发电等。

三、巴西农业的特点

巴西拥有辽阔的国土和丰富的自然资源,农业既是其传统的优势领域,也是近年来助推巴西经济发展的重要支撑力量。持续增长的农产品贸易促进了巴西农业的发展,使之成为当今世界上农业较发达的国家之一。近年来,巴西的农业现代化、机械化程度不断提高,农业科技推广体系和农业支撑政策都在不断完善,科技水平逐渐提高,农业生产具有旺盛的增长潜力。

巴西农业的特点如下:

(一)农业资源丰富,农业发展潜力大

由于占据优越的地理位置,巴西的土地、生物、水资源等自然资源都非常丰富,尤其是森林资源。尽管巴西也是一个人口大国,但其森林资源的人均占有量仍远高于世界平均水平。亚马逊热带雨林大约覆盖了巴西国土面积的1/3,是全球最大、物种最丰富的热带雨林,约占全球雨林总面积的一半。虽然亚马逊热带雨林的面积不到全球总面积的2%,但却蕴藏着世界上约1/4的森林资

源和极其丰富的生物资源。亚马逊热带雨林是天然的生物多样性宝库,被誉为"地球之肺"。

巴西境内气候温暖,降雨和光照充足,多数地区地势平坦,耕地和草地的面积非常广阔,平原面积约占到国土总面积的 1/3,土壤多为红土,土质较肥沃,是世界上极少数能够适合农、林、畜牧业全面发展的国家。目前,尽管巴西的耕地面积在逐年增加,但已利用的耕地面积大约也仅占到总耕地面积的 1/5。巴西处于扩展耕地的发展阶段,尚有大量耕地资源可以开发,农业生产潜力巨大。巴西水资源丰富,除东北部的小部分地区比较干旱外,大部分地区的年降水量均在 2 000 毫米以上,且拥有亚马逊河等三大河系,这些都为农业生产提供了丰富的水利资源。巴西的自然气候条件可以保证各种农作物的生长,且由于自然环境的优势,农作物的增产潜力较大。

(二)出口型农业为主的农业生产经营方式

农业是巴西国民经济的优势产业。最近 20 年里,农产品贸易一直保持着顺差的趋势,谷物、糖类、烟草、咖啡以及畜产品等都是出口农产品的主要形式。巴西是玉米的主要出口国之一。近年来,玉米出口份额一直呈不断上升趋势。在经济作物中,凭借大量的甘蔗种植产业,巴西一直是世界上最重要的食糖主产国和出口国,食糖出口在世界糖市中具有重要的地位。此外,大豆出口在巴西发展迅速,2011 年巴西大豆出口量大约占其总产量的一半。在畜产品方面,巴西是世界最大的牛肉、鸡肉出口国。巴西的农产品对外出口贸易的主要对象是欧盟、中国、俄罗斯和日本等。近年来,农产品贸易额中进口额变化较小,增长的趋势也不太明显,而出口额增长非常迅速,农产品贸易的顺差额逐渐增加。

(三)重视农业科技和农业现代化的发展

巴西政府非常注重提高农业生产过程中的科技含量,积极推广比较先进的农业生产技术以及农业管理政策。巴西政府重视生物技术的发展,制定了国家生物技术计划,将生物技术应用到农作物的品种改良过程中,这使得巴西的农作物在提高产量、控制病虫害等方面取得了许多重要的进展。巴西在生物能源的开发和使用处于世界领先水平,除燃料乙醇外,目前很多科研机构还致力于对生物柴油等新能源的研究,蓖麻、棕榈、玉米等常规作物都成为了生物能源生产的原料。

在农业经营管理方面,巴西注重农、工、贸,产品的加工、销售一体化的现代化农业产业化经营模式,巴西的农村工业形式多样,以农工联合企业为主,农产品生产和加工并重。农工一体化经营符合市场经济条件下的农业发展趋势,推动了巴西农业的产业化和集约化经营,形成了比较完整的农产品产业链,而农业的产业化经营进一步带动了当地经济的发展,刺激了就业并增加了经济效益。

第三节　日本、以色列、印度农业的特点

一、日本农业的特点

日本经济发达、人口众多,而农业资源相对不足,主要农产品大量依赖进口。日本农业产业化程度较高,在政府的支持下,将农产品深加工和农产品进出口贸易融入农业生产当中,专业化、商业化农业得到了很好的发展。

日本农业的特点如下:

(一)农业在国内生产总值中所占的比例小,农产品依赖进口程度高

日本是一个经济大国,农业在国民经济中所占的比重不高,且呈不断下降的趋势。1971 年农业占日本总 GDP 的比重为 5.5%,到 2008 年则降到了 1.5%。相比较而言,工业和服务业所占的比重则较大,分别为 26.3%和 72.3%。日本的耕地资源不足,人口数量较大,且粮食作物的播种面积和总产量都在不断下降。日本大部分的农产品都不能实现自给,国内的农业生产仅能满足需求的 40%,农产品依赖进口的程度很高。

日本在国际贸易方面一直是处于逆差的地位,尽管农业进出口贸易额占总贸易额的比重在不断下降,但进口贸易的数额却在不断上升,故日本的农业贸易呈现逆差不断扩大的趋势。2007 年,进口农产品总额为 460 亿美元,比 1990 年增加了 61%。

日本农业进口的主要贸易伙伴为美国、中国、泰国和澳大利亚等,所进口的农产品主要有玉米、小麦、大豆等。猪肉是日本进口最多的肉类,2011 年猪肉进口量为 52 亿美元。在粮食作物中,日本大约 90%的小麦需要从其他国家进口,主要来自美国、加拿大和澳大利亚。天然橡胶主要从泰国和印度尼西亚进口,占天然橡胶干胶进口总量的绝大部分。大豆则大部分进口自美国和巴西。

(二)农业人口数量较少且老龄化现象严重

第二次世界大战以后,随着日本国民经济的复苏,制造业等工业对于劳动力的需求大增,日本的农业劳动力开始向制造业转移,农业从业人口占总就业人口的比例急剧下降,从 1955 年的 40%下降到 1975 年的 13.9%,到 1998 年,这个比例仅为 5.2%。同时,农业人口的年龄结构逐渐趋向于老化。从 1995 年到

2004 年,30～59 岁的农村男性劳动力占农村男性就业人口的比例在逐渐下降,60 岁以上人口所占的比例则从 61% 上升到 71%,其中 60 岁以上的女性劳动人口所占的比例也在上升。在日本,完全从事农业活动的农民并不多,大部分的日本农民是从事其他兼营事业的兼业型农民,兼业型农民的收入中很大一部分为非农业收入。由于城镇就业机会较多,许多年轻人会选择生活在城市,从事农业的人口数量在逐渐减少,且呈现老龄化的趋势。

(三)农业机械化,农产品产业化、商品化程度高

20 世纪 60 年代,为了提高农业生产力,平衡农业与工业的差距,日本开始积极引入多种农用机械并迅速普及,农用拖拉机的数量在这一时期迅速增加了几百倍。到 80 年代中期,日本已基本实现了农业机械化。尤其是在水稻生产方面,日本的水稻生产已经实现全程机械化,包括育秧、插秧、联合收割等过程,农业生产效率得到大幅度提高。另外,日本注重将农业市场化,以增加农民收入为目的,将农业生产面向市场,提高农产品的商品率,形成具有地方特色的农村产业。日本的农产品商品率很高,达 75%～95%,以农业企业为中心,对农产品的生产、加工、销售进行商业化的管理和经营。

二、以色列农业的特点

以色列地处地中海的东南方向,位于亚洲、非洲、欧洲的交界处。该地区的气候为典型的地中海气候,其降水基本上集中在冬季,每年 4—10 月的旱季雨量极少。以色列的热量资源充足,其热量条件可以满足农业活动的终年进行,但水资源却非常匮乏,在以色列的全部国土面积中,将近一半的土地为沙漠,另外一部分则大部分为山区,年均降水量约为 200 毫米,且分布不均匀,农业生产需要人工灌溉。

以色列农业的特点如下:

(一)节水农业蓬勃发展,水资源利用效率高

以色列国土面积大部分属于干旱半干旱地区,水分不足是限制以色列农业发展的主要因素,因此以色列政府非常重视对水资源的保护和合理利用。早在 1955 年就颁布了《水法》,立法规定水作为重要的战略资源,由国家进行统一的管理和配置。以色列的污水回收技术非常先进,政府禁止未经处理的污水直接排放到环境中,包括农业废水和生活污水,这些污水都要通过污水处理系统进行循环利用,水资源几乎全部可以循环利用至少一次。在农业上,广泛使用废水灌溉实现高效用水,大幅度增加了灌溉水源。另外,为了提供更多的水源,以色列从 20 世纪 60 年代初即开始发展海水淡化技术。经过多年的发展,海水淡化的成本逐渐降低。目前,以色列拥有世界最先进的海水淡化设备,海水年淡化量近 1.7 亿立方米,占供水总量的 13% 左右。

针对水资源缺乏的情况,以色列政府在农业生产中广泛采取了多种形式的节水灌溉措施,如滴灌、喷灌等,提高了灌溉用水的使用效率。滴灌技术的发明和发展,是以色列农业生产历史上的重大突破。农田灌溉中采用滴灌技术,水分可以直接被运输到作物的根部,大大减少了灌溉用水量,以色列政府大力支持滴灌技术的发展,长期致力于与滴灌相关的节水灌溉研究,包括改进滴灌管、控制系统等,结合采用在滴灌时将灌溉与施肥同时进行的水肥灌溉法可以直接将水和营养送到作物根部,使灌溉与施肥一次完成。多种节水措施的推广很大程度上缓解了以色列水资源的缺乏,对以色列农业的发展起到了积极的推动作用。

(二)因地制宜,调整农业产业结构

从以色列建国初期至今,农业的种植结构发生了较大幅度的调整:农业生产曾一度过分强调实现粮食及农副产品的自给,发展以粮食作物为主导的农业,其后效果并不明显,尽管粮食作物的产量有了较大幅度的提高,但依旧大量依赖进口。从 20 世纪 70 年代开始,政府基于国际农产品市场的价格趋势,以及从本国的实际情况出发,开始将种植业结构从最初的以粮食作物生产为主逐渐转向园艺作物的种植,降低粮食作物的地位,转而大力发展花卉、水果、蔬菜等的生产。

以色列地理、气候条件较差,其谷物单产水平居于世界中下,不利于发展粮食作物,而柑橘等水果以及蔬菜的单产水平则较高,而且相对于粮食作物,蔬菜、水果在价格上具有更好的竞争优势。在此基础上,政府结合国际市场的需求,从自身优势出发,不再强调粮食的自给,而是发展以蔬菜、水果等为主的高附加值园艺作物。相对于粮食作物,园艺作物不仅具有绝对的价格优势,而且更适合在有限的土地资源上,通过增加科技含量及采用现代化的管理方式提高单位面积的生产效率,进而获得更大的经济效益。通过对农业产业结构的调整,以色列逐渐规避了自然条件的不利因素,更好地发挥了自身的优势产业,农业生产也得到了迅速的发展。现在,以色列出口的水果、蔬菜等在国际市场上都具有相当的竞争力,农产品主要出口欧洲各国并享有盛名,园艺作物也因此成为了以色列农业的标志性产业。

(三)农业科技投入较高

以色列的农业科技贡献率居世界前列,农业生产机械化和信息化程度都很高。除传统的农作机械外,以色列还发展了多种专业性更强的农业机械,如用于采棉、摘果等的特种农业机械,减少了劳动力成本。在温室种植方面,从 20 世

80年代开始,以色列对温室灌溉采用计算机控制,精确水肥比例,大大提高了蔬菜的产量。为摆脱土地资源的限制,无土栽培或基质栽培的应用也比较广泛。

以色列对农业科研的投入较大,拥有众多的农业科学研究机构,包括农业研究组织、魏斯曼科学研究院等公益性研究机构,同时以色列拥有相当大数量的公司科研机构。这些科研机构的研究领域广泛,涉及农业生产的各个方面,尤其是在化学工业和生物技术领域成果突出。

以色列拥有较完善的农业科技推广体系,每年都会投入相当数量的经费用于农业技术的推广,科研项目中很多都与生产直接相关。因此,对成功的科研成果政府会在全国范围内进行推广,农业部的推广人员免费提供相关的技术服务,通过培训、教育等方法让农民学习并掌握农业新技术,使科研和生产更加紧密地结合。

三、印度农业的特点

印度农业资源较为丰富,是世界上耕地面积较大的国家之一。过去的几十年中,印度农业发展迅速,农业现代化程度也在不断提高。

印度农业的特点如下:

(一)多样化的农业补贴政策

自从印度1947年独立以来,实现粮食自给一直是印度农业政策的主要目标。另外,以可以接受的价格向民众提供基本的食品也是其目标之一。印度实行的是中央指导型的发展战略,政府一直以来致力于对农业发展实施全面的控制,通过大规模的公共干预,并且使用大规模的财政支持,保证国内农业的发展。在这样的背景下,印度农业得到了长足的发展。到20世纪80年代,印度的粮食已基本实现自给。

多种形式的农业补贴政策是印度农业政策的一大特点。为了增加农民的积极性,提高粮食的产量和经济效益,确保农民在粮食生产上享有有利价格,同时保持消费价格的稳定,印度制定了多种补贴政策,包括最低支持价格、粮食补贴和投入补贴等。对于小麦、水稻等主要粮食作物,印度政府会根据生产成本制定主要农产品的最低支持价格,然后按照最低支持价格向农民收购粮食,以稳定农产品的价格,由于考虑到生产成本的因素,所制定的最低价格并非一直不变。在粮食出售方面,为了缓解低收入消费者的粮价购买压力,印度粮食集团采取通过"公共分配系统"的形式来补贴价格卖出谷物。"公共分配系统"的意义一方面是稳定粮食价格,另一方面是为了低收入群体,以不同的价格向"贫困线以下"和"贫困线以上"的消费者出售粮食。在农业生产投入方面,印度政府每年投入相当数目的资金对包括化肥、农用水电及燃料等农业生产资料进行补贴,政府通过提供低价化肥并补贴化肥生产企业来稳定化肥价格,同时降低农业用水电的价格,保证农业生产。

(二)农业生产稳定性较差,地区间发展不平衡

印度多数地区为典型的季风气候,降雨量起伏多变,农业受气候和雨水等自然条件影响较大。尽管印度农业的现代化程度已经有了很大的提高,但雨量等自然条件仍然能够显著影响农作物的产量,以至于农业生产长期以来呈波动性增长的变化。在雨量正常的年份,农作物能够实现高产,而在雨量不正常或干旱的年份,粮食产量就会大幅下降。印度的降雨在地区间的差异可能极其悬殊。位于东北部的乞拉朋齐地区是世界上年降水量最高的地区之一,年降水量可以达到 10 000 毫米以上,而印度西北部地区则降雨极少,旱灾频发。而且不同地区耕地条件也不同,农业发展水平存在较大差异,地区间产量差异非常明显,这也导致了农民收入水平的分化,贫富差距加大。

"绿色革命"后,伴随着印度农业的迅速发展和农业现代化程度的提高,为了保证作物的产量,农田灌溉用水、化肥等外部投入的使用量也在不断提高。由于印度对化肥等农业生产资料实行价格补贴政策,农民能够以较低价格购买到这些产品,这也导致了化肥过度使用,进而引起相应的环境问题,原来的优质耕地产量不再增加,生态问题逐渐暴露,而干旱半干旱地区的农业生产面貌又亟待改善。同时,随着人口的增加,印度所面临的资源环境压力不断加大,过度放牧使草地面积减少,荒地面积增加,滥伐引起森林面积减小等。随着工业的发展,由工厂和新增车辆的排放造成的空气污染和水污染等,已经逐渐成为印度农业发展中不容忽视的现状。

 复习思考题

1. 美国农业的特点是什么?
2. 法国农业的特点是什么?
3. 加拿大农业的特点是什么?
4. 为什么说巴西是一个农业资源非常丰富的国家?
5. 日本农业的特点是什么?

 即测即评

扫描二维码,做单项选择题,检验对本章内容的掌握程度。

参考文献

［1］FAO 资料库.

［2］贾志宽.农学概论.北京:中国农业出版社,2010.

［3］李毅,李文本.印度经济数字地图.北京:科学出版社,2012.

［4］祁春节,刘双,王亚静.国际农业产业化的理论与实践.北京:科学出版社,2008.

［5］信乃诠,许世卫.当代世界农业.北京:中国农业出版社,2010.

［6］翟虎渠.农业概论.2 版.北京:高等教育出版社,2006.

［7］陈俊华,杨兴礼,岳云华.以色列种植业结构的演变及原因探析.干旱地区农业研究,2000(1).

［8］何龙斌.日本发展农业循环经济的主要模式、经验及启示.世界农业,2013(11).

［9］焦翔,高秀文,付婧.澳大利亚有机农业发展现状.世界农业,2012(11).

［10］孙培钧.绿色革命推动下的印度农业.中国金融,2006(9).

［11］吴良.日本现代农业发展的实践与启示.世界农业,2012(1).

［12］周馥华,李剑泉.巴西林业资源、林产品贸易特点及对我国的启示.林业资源管理,2011(2).

第八章　作物学概述

本章学习目标

1. 了解作物与生态环境的关系；
2. 了解作物品种改良的基本知识；
3. 掌握作物生产技术的基本知识。

导　读

　　作物生产是农业生产系统的主体成分，维系着人类最基本的生活需求，是国民经济建设中至关重要的领域。因而，作物学及作物生产的发展水平直接影响人们的基本生活需求和质量，直接关系到国计民生和社会经济的发展。经济的发展、人民生活水平的提高、生活需求的多样化，都对作物生产提出了新的问题和挑战，耕地减少、需求量增加的矛盾日益突出。在耕地面积无法增加的前提下,满足日益增长的作物需求只能不断提高作物单位面积的产量。另外,在保证产量的前提下,保障作物生产的优质、高效、生态、安全是我国作物生产发展的必然选择。解决这些新的问题要求我们了解作物的生长发育、产量形成、品种选育、对自然环境适应性等知识。

第一节　作物与生态环境的关系

作物学是一门古老而重要的农业科学,是现代农业科学发展的基础。作物学与农业科学的关系随着社会经济及农业内涵的发展而变化。早期狭义的农业主要是指粮食生产;随着经济作物的出现,农业即是包括粮食作物和经济作物的种植业;随着动物生产的发展,农业则包括种植业和畜牧业两个部门,称为小农业;后来把农(种植业)、林、牧、副、渔五业称为大农业。其中,作物学主要是指有关大田作物生产和改良的科学理论与技术。

作物生产是农业生产系统的主体成分,作物生产维系着人类最基本的生活需求,是国民经济建设中至关重要的领域。因而,作物学及作物生产的发展水平直接影响人们的基本生活需求和质量,直接关系到国计民生和社会经济的发展。特别是在现代农业力求解决人口、粮食、环境、效益等多重问题的发展进程中,十分需要了解作物学的基本概念、发展特点及作物学与粮食安全的关系。

光、温、水、气、土是作物生产的基本条件,并对作物的产量和品质产生了重要影响。植物干重的 90%~95% 是光合作用的产物,光是绿色植物进行光合作用的必要条件;作物对温度的要求实质上是对热量的要求;水是作物原生质的重要组成成分,是作物体内许多生物化学反应的介质,和空气中的二氧化碳(CO_2)一起作为作物光合作用的原料;土壤是作物赖以立足和摄取水分、养分的场所。这些生活因子对作物生长具有独特作用,且同等重要,不可替代,在多个基本生活因子间有着相互联系、相互制约的关系。

一、作物与光的关系

作物产量形成本质是光合作用过程。所以,光能利用率的高低与作物产量密切相关。但是,作物对可见光也不能完全利用,只是 380~760 纳米的可见光为光合有效辐射,占总辐射的 40%~50%。如果考虑叶片反射、群体漏光损失、作物吸收及转换效率,实际能在作物体内以有机物形式保存下来的化学能,只占全部有效辐射的 12% 左右。实际情况是一般大田光能利用率不足 3%。这说明目前作物生产水平还不很高,今后的增产潜力还很大。

光能利用率是决定作物产量高低的关键。一般而言,凡是光合面积适当大、光合能力较强、光合时间较长、光合产物消耗较少、分配利用较合理的作物或品种就能获得较高的产量。一切增产措施,归根到底,主要是通过改善光能利用率而起作用。作物生产上提高光能利用率的途径主要包括:扩大光合面积、提高光合能力、延长光合时间和减少光合产物的消耗。

二、作物与温度的关系

作物在生长发育过程中要求一定的热量,对温度的要求有最低点、最适点和最高点之分,称为温度三基点。在最适点温度范围内,作物生长发育得最好,当温度处于最低点或达到最高点时,作物尚能忍受,但生命力降低。如果温度在最低点以下或最高点以上,则作物开始受到伤害,甚至死亡。作物的温度三基点理论已在生产上得到普遍应用。如春小麦适期早播、北方春玉米覆盖栽培等,其增产原理均在于调节了土壤温度,有利于作物生长发育。

作物只有达到一定的温度水平,才能开始生长发育。同时,作物只有接受一定的温度总量,才能完成其生命周期。通常把作物整个生育期或某一发育阶段内高于一定温度度数以上的昼夜温度总和,称为某作物或作物某发育阶段的积温。不同作物(品种)在整个生育期内要求有不同的积温总量。一般是起源和栽培于高纬度、低温地区的作物需要的积温总量少,起源和栽培于低纬度、高温地区的作物需要的积温总量多。

三、作物与水分的关系

土壤水分含量的多少,直接影响作物根系的生长。在潮湿的土壤中,作物根系不发达,生长缓慢,分布于浅层;土壤干燥,作物根系下扎,伸展至深层。作物水分低于需要量,则萎蔫,生长停滞,以致枯萎;高于需要量,根系缺氧、窒息,最后死亡。只有土壤水分适宜,根系吸水和叶片蒸腾才能达到平衡状态。

在田间作物中,除了水稻要求有一定的水层,属于湿生性作物外,多数作物要求水分条件适中,属中生性作物。中生性作物没有完整的通气组织,不能长期在积水、缺氧的土壤中生育。中生性作物中,有的对土壤含水量的要求略高些,有的略低些。豆类、马铃薯等的最适土壤含水量相当于田间持水量的70%~80%,禾谷类作物为60%~70%。土壤含水量低于最适值时,光合作用降低。各种作物光合作用开始降低时的土壤含水量(占田间持水量的百分数)分别为:水稻57%,大豆45%,大麦41%,花生32%。

四、作物与 CO_2 的关系

绿色植物和某些微生物通过光合作用固定空气中的 CO_2,同时通过呼吸作用和分解作用向空气中释放 CO_2。一年之内,在田间有作物生长的季节,由于光合作用固定 CO_2 数量增加,空气中的 CO_2 浓度较低,而非生长季节,CO_2 浓度较高。在一天之内,作物群体内 CO_2 浓度有明显的规律性变化。午夜和凌晨,群体内的 CO_2 浓度很高,这是由于在此期间 CO_2 有补充而无消耗的缘故;清晨日出之后,光合作用逐渐加强,CO_2 浓度逐渐下降;接近中午,光合作用旺盛,CO_2 浓度降至最低值;傍晚日落后,光合作用停止,CO_2 浓度又复上升。

五、作物与土壤的关系

土壤的基本物理性质是指土壤质地、结构、容重、孔隙度等。其中,土壤的质地、结构性质及由此而引起的土壤水分、土壤空气和土壤热量的变化对作物的根系和作物的营养状况可能产生明显的影响。按照土壤质地进行分类,一般可以把土壤区分为 3 类 9 级,即砂土类(粗砂土、细砂土)、壤土类(砂壤土、轻壤土、中壤土、重壤土)、黏土类(轻黏土、中黏土、重黏土)。土壤质地由于对水分的渗入和移动速度、持水量、通气性、土壤温度、土壤吸收能力、土壤微生物活动等各种物理、化学和生物性质都有很大影响,因而又直接影响作物的生长和分布。

土壤结构是指土壤固相颗粒的排列形式、孔隙度以及团聚体的大小、多少及稳定度,这些都能影响土壤中固、液、气三相的比例,进而影响土壤供应水分、养分的能力,影响通气和热量状况以及根系在土壤中穿透情况。土壤中水、肥、气、热的协调,主要决定于土壤结构。土壤结构通常分为微团粒结构(直径<0.25 毫米)、团粒结构(直径为 0.25~10 毫米)、块状结构、核状结构、柱状结构、片状结构等。具有团粒结构的土壤结构和理化性质良好。

第二节　作物品种改良

栽培作物起源于野生植物。世界原始农业有 1 万多年的历史,中国的原始农业也有 7 000 年以上的历史。我们祖先在采摘野生植物种植时将大穗、大粒、好吃的和发病轻的个体留下,经过漫长岁月将野生植物驯化成栽培作物,同时开始了无意识的品种选育。作物品种在植物分类上属于某个物种或变种。"国

以农为本,农以种为先",品种是重要的农业生产资料,是农业增产的内因。

一、作物品种

(一)作物品种的定义

作物品种是人类在一定的生态和经济条件下,根据自身需要所选育的某种作物的某种群体。这种群体具有相对稳定的遗传特性。在生物学、形态学及经济性状上有相对一致性,而与同一作物的其他群体在特征、特性上有所区别。这种群体在一定的地区种植,在产量、抗性、品质等方面符合生产发展的需要。

作物品种具有三个基本特性,简称 DUS。在一个或多个性状上具有区别于同一作物其他品种的特异性(distinctness),在生物学、形态学尤其是在农艺性状和经济性状上有相对的一致性(uniformity),在遗传学上有相对的稳定性(stability)。DUS 是作物品种的 3 个基本要求,基于品种的 DUS 测试,是植物新品种保护的技术基础和品种授权的科学依据。

(二)现代农业对作物品种的要求

1. 高产

高产是现代农业对品种的基本要求,由于全球人口数目的增加,耕地面积的持续减少,存在粮食安全问题。特别是我国,更要加强高产品种的选育,以满足人口增长及工业发展的需要。

2. 优质

作物品种的品质包括营养品质、加工品质、商业品质和卫生品质(农药残留、重金属含量、有害微生物及其有毒产物)。随着人民生活水平的提高和我国农产品进入国际市场,对作物品种的品质要求更加严格。品质已经成为突出的育种目标,国家在"九五"、"十五"期间已实施了优质米、优质麦、优质蛋白玉米等的育种计划。

3. 稳产

稳产是指优良品种在推广的不同地区和不同年份间产量变化幅度较小,在环境多变的条件下能够保持均衡的增产作用。影响作物稳产的因素很多,主要包括:① 环境胁迫,即不利的气候(旱、涝、低温冷害等)和土壤(盐碱、缺铁、铝毒等)因素。② 生物(病虫害)胁迫。对生态环境的适应性好、抗病虫、抗逆和抗除草剂草的品种一般稳产性好。

4. 生育期适宜

生育期适宜是指作物品种对生态环境的适应范围及程度。适应性强的品种不仅种植地区广泛、推广面积大,更重要的是可在不同年份和地区间保持产量稳定。采用穿梭育种、异地选择的方法有利于选育适应性较好的品种。

5. 适应农业机械化

现代农业机械化程度增加,要求品种株型紧凑,秆硬不倒,生长整齐,株高一致,穗、荚、铃部位适中,成熟度一致,不裂荚,不落粒,适应机械化种植和收获。机械化对不同作物的品种要求不一,玉米要求穗位整齐适中,马铃薯和甘薯要求块茎和块根集中。棉花要求不打顶、不去腋芽,苞叶能自行脱落;直播水稻要求分蘖少、茎秆粗壮、抗倒伏。

二、作物品种选育技术

(一)引种

引种是指从外地区和外国引进新植物、新作物、新品种以及用于育种和有关理论研究的各种遗传资源材料。引种应包括引进原始材料、引进当地没有种过的作物、将野生植物驯化栽培作物。我国是多种作物的起源地,但也有不少作物是先后从国外引进的。如小麦、玉米、甘薯、马铃薯、蚕豆、棉花、烟草、甘蔗、花生、芝麻、香蕉、草莓、黄瓜、番茄、咖啡等均是在不同的历史时期引入我国的。

引种一是引进新作物、新品种,扩大原物种的栽培种植区域,发展农业生产;二是充实种质资源,为育种提供宝贵的原始材料,奠定了新品种培育的物质基础;三是利用异地种植,发现有利的新变异,提高作物产量。

(二)选择育种

选择育种又称系统育种,是对现有品种中出现的自然变异,通过个体选择和后代鉴定试验而选育新品种的方法。

选择育种是利用现有品种群体中出现的自然变异,选择出符合生产需要的基因型,无须人工创造变异。其特点如下:① 优中选优,连续选出新品种。例如,水稻地方品种"鄱阳早"通过系统育种先后育成南特号→南特 16 号→矮脚南特→矮南早 I 号等品种,对我国双季稻北移起了重要作用。② 简便快速。选择育种直接利用自然变异,省去人工创造变异的环节,只在原推广品种基础上选择改进了个别性状,工作环节少,过程简单,试验年限短,通常只需要 1~2 代的分离和选株,推广应用快。③ 适合于群众性育种。许多推广品种都是由农民育种家利用这一方法育成的,如小麦品种内乡 36、偃大 5 号和大豆品种荆山。④ 由于仅依靠自然变异,变异率低,选择效率低,不能有目的地进行种质的创新和产生新的基因型;连续优中选优,遗传基础较贫乏,仅改进个别性状,育成品种的综合性状较难突破。随着育种目标的多样化和育种技术水平的提高,选择育种的比重相应降低。

（三）杂交育种

杂交育种是指用基因型不同的两个或多个亲本品种（系）进行有性杂交获得杂种，进一步从杂种后代的自交分离群体内选择培育新品种的育种方法。

杂交育种的特点为：① 变异类型丰富。通过杂交产生基因重组、基因互作、基因积累，可在后代中产生新性状、超亲性状，将不同亲本的优良基因集中于新品种中，同时改良多个目标性状。② 方法灵活。组合配置、杂交方式、后代处理方法灵活多样，还可与倍性育种、诱变育种等配合使用。③ 贡献最大。杂交育种是目前国内外应用最普遍、最有成效的一种育种方法，目前各国农业生产应用的主要作物良种，大多数是用杂交法育成的，育成品种的数量及在生产上推广的面积均占首要位置。

（四）回交育种

回交育种是指两品种杂交后，以 F_1 回交于亲本之一，从回交后代中选择特定植株仍回交于该亲本，如此连续进行若干次，再经自交选择育成新品种的方法。回交育种的表达方式为：$[(A \times B) \times A] \times A$。回交育种中的轮回亲本也称受体亲本，是用于多次回交的亲本。非轮回亲本又叫供体亲本，是指只在第一次杂交时用的亲本。

回交育种是抗病育种的有效手段。当优良品种感染某种病害时，可将抗病品种作为非轮回亲本，以原品种做轮回亲本，将抗病基因导入原品种中，育成抗病且具有原品种全部优良性能的新品种。此外，在杂种优势利用中不育系和恢复系的转育，远缘杂交中解决杂种不育、分离世代过长及打破基因连锁，选育近等基因系和多系品种都可采用此法。

（五）诱变育种

诱变育种是利用理化因素诱发变异，再通过选择育成新品种的方法。诱变育种始于 20 世纪 20 年代，40 年代育成了一批新品种。我国诱变育种始于 20 世纪 50 年代。随着诱变源的不断丰富和改进，从早期的紫外线、X 射线到 γ 射线、β 射线、中子和各种化学诱变剂使用，诱变育种已在丰产、早熟、抗病、优质、矮秆育种方面获得较突出的成就。

（六）远缘杂交育种

远缘杂交是指不同种、属或亲缘关系更远的植物类型间进行的杂交。它包括种间杂交、属间杂交和亚远缘杂交。引入异属、异种的有利基因，把不同生物类型的独特性状结合于杂种个体中，可培育出具有优异性状的新品种，获得高产、优质、早熟、抗病虫和抗逆境等性状的突破。如普通小麦与长穗偃麦草杂交,培育出高产品种小偃麦 6 号,推广 67 万公顷以上。

（七）杂种优势利用

杂种优势是指两个性状不同的亲本产生的杂种在生长势、生活力、繁殖力、适应性以及产量、品质等方面超过其双亲的现象。

人工去雄是杂种优势利用的常用途径之一。人工去雄对作物要求如下条件:花器较大,易于人工去雄;人工杂交一朵花能得到数量较多的种子;种植杂交种时,用种量较小。目前采用人工去雄制种的作物主要有玉米、棉花、番茄、黄瓜、烟草等。利用雄性不育性制种是克服雌雄同花作物人工去雄困难的最有效途径,因为雄性不育性是可以遗传的,从根本上免除去雄的手续。雄性不育系做母本,利用三系或两系法制种效率高。我国举世闻名的杂交水稻就是利用雄性不育制成的。

（八）生物技术育种

生物技术育种是指利用转基因、植物细胞工程、染色体工程和分子标记辅助选择等生物技术,获得具有不同性状的新种质、新品系,选育新品种。它主要包括细胞工程育种和转基因育种。

第三节　作物生产技术

作物生产包括从播种到收获的全过程。其间涉及的技术主要有播种技术、施肥技术、水分管理技术、收获与储藏技术,以及其他生产技术等。

一、播种技术

播种质量的好坏直接关系到是否全苗、齐苗、匀苗、壮苗,为作物良好的生长发育并取得高产优质奠定基础。影响播种质量的主要有播种期、播种量、播种方式以及播种深度等。

播种期对作物的生育和生产有极大的影响。适期播种不仅能保证作物发芽所需的各种条件,并且能避开低温、阴雨、干旱、霜冻和病虫害等不利因素,使作物各生育时间处于最佳的生育环境,实现高产稳产。播种量是指单位面积上播种种子的重量。播种量的多少,直接决定了单位面积基本苗的多少,是作物群体生长发育、群体动态发展的基础。播种方式是指作物种子和幼苗在单位面积上的分布状况,又称株行配置。合理的播种方式或栽植方式能充分利用土地和空间,改善植株的营养面积,有利于作物生长发育,提高产量,又便于田间管理,提高工作效率。主要的播种方式有撒播、条播、点播和精量播种。播种深度是指作物播种后在种子上覆土的厚薄。播种深度决定于种子大小、出苗习性、土质及有效水分含量。麦类、玉米等播种深度以 3~4 厘米为宜,播种过深,根茎过分伸长,消耗大量胚乳养分,苗较瘦弱。

二、施肥技术

作物从种子萌发到种子形成的整个生育过程中,要经历许多不同的生育阶段。除萌发期靠种子进行营养和生育末期根部停止吸收养分外,作物要通过根系从土壤中吸收养分。作物的需肥量,是合理施肥的重要依据。不同作物的需肥量会有较大差别,即使是同一作物,由于产量水平的不同,需肥量也会有所不同。因此,衡量某一种作物的需肥量通常以单位产量(如每 100 千克)从土壤中所吸收的养分量作为指标。

农作物施肥是调节土壤肥力、补充作物养分的重要措施。作物施肥的基本原则是科学施肥。实行科学施肥,就必须以满足作物营养为核心,根据当地的土壤条件、气候因素以及所用肥料的性质,制定一个切实可行的施肥方案。在具体实施方案时,又必须把选用适宜的肥料种类和品种、确定经济合理的施肥量、选择合适的施肥时期、采用科学的施肥方法,以及合理调节肥料的养分配比等作为一个整体来考虑,从而提高施肥的效益。

三、水分管理技术

作物的水分管理技术是指对作物进行合理的灌溉和排水的方法。合理灌溉和排水是农作物正常生长发育并获得高产的重要保证。土壤水分是农田生态系统中的重要组分,也是影响土壤肥力的重要因素。采用合理的灌溉和排水技术,调节土壤水分状况是作物田间管理的重要内容。由于我国水资源紧缺,人均水资源量仅是世界平均数的 26%,且时空分布不均,除了一部分沿海低洼地和南方水稻地需要排水外,大多数地区主要是以灌溉来保证作物对水分需要的。传统的灌溉方法用水量偏多、浪费严重,因此节约用水,合理灌溉,发展节水农业,是一系列带有战略性的问题。要做到这些,深入了解作物需水规律,掌握合理灌溉的时期、指标和方法,实行科学供水是非常重要的。

四、收获与储藏技术

农作物生长到一定的生育期后,体内特别是收获器官中的淀粉、脂肪、蛋白质和糖类等物质的积累达到一定的要求,外观上也表现出某种特征时,可及时收获。适时收获是保证作物高产、优质的一个重要环节。收获不及时,往往会因天气的变化,如阴雨、低温、风暴、霜雪、干旱、暴晒等引起发芽、霉变、落粒、工艺品质降低等损失,并影响下茬作物的播种或移栽。收获过早则会因作物未达到成熟期,而使作物产量下降和品质变劣。

禾谷类、油料等作物收获后,应立即进行脱粒和干燥。因季节、劳力紧张等原因不能立即脱粒时,应将作物捆好并堆垛覆盖,待收获结束后集中脱粒。种子脱粒后,必须尽早晒干或烘干扬净,否则容易因霉变、发芽、病虫危害而降低食用价值或种子品质。

五、其他生产技术

(一)育苗移栽技术

与直播栽培相比,育苗移栽能充分利用土地、光、温等自然资源,延长作物生育期,增加复种指数,缓和前作与后作的矛盾,但也存在对植物有损伤、费工费时等问题。露地育苗幼苗在自然环境下生长,在管理上主要做好灌溉排水、追肥、间苗、除草、防治病虫害、预防灾害性天气等。

(二)地膜覆盖技术

地膜覆盖技术自 1978 年由日本引入我国以来,迅速在我国推广应用,使各地历史上形成的种植规划、品种布局、耕作制度及传统种植习惯发生了重大的变化。实践表明,与露地栽培相比,地膜覆盖栽培可使多种作物早熟 5~10 天,增产 30%~50%,甚至 1 倍以上,农产品品质也有所改善。

(三)化学调控技术

化学调控主要是指利用植物激素和人工合成的类似植物激素的生长调节剂来调节作物生长发育进程从而达到人们预期目的。植物激素是指一些在植物体内合成,并从产生处被运送到别处、对生长发育起着显著作用的微量有机物质。植物生长调节剂是指人工合成的具有植物激素活性的物质。

第四节　农作制度

农作制度,亦称耕作制度,是指一个地区或生产单位的作物种植制度以及与之相应的养地制度等的综合技术体系。随着市场经济深入发展和农业产业化经营思想的确立,21 世纪农作制度的概念和内涵有了进一步发展。农作制度是指一定的自然资源状况、社会经济条件和科学技术水平下,一个地区或农业企业为了土地持续高产高效所采取的农作物种植制度以及与之相应的土地养护制度和农作经营制度等的综合农业技术体系。它具有特定的自然环境、社会经济和科学技术特征,不是一项单纯的农田作物生产技术,而是具有增加土地产出、保护农业资源和提高经济收益等多个目标的土地经营管理制度。

不同历史时段的农作制度尽管涉及的具体技术有差别,但是始终围绕农田持续增产和系统生产力提高、注重农田用养结合、追求农作经济效益等则是共同点。近代农作制度涉及方面十分广泛,它是指在对农业生产全面规划的前提下,根据资源的可能和社会的需要,确立有助于系统生产力提高的种植制度,以及与之相应的养地制度、农田防护制度和农作经营制度,持续增进农业生物种群生活要素的调控力度,极尽可能地使有限资源应能实现的潜在生产力化为现实生产力。

一、种植制度

农作物种植制度(也包括农田立体种养)是农作制度的主体,反映一个地区或一个农业企业的作物组成、配置、熟制和种植模式等。我国作物种类繁多,农业资源地域差异很大,确立与资源存在状况相适应的种植制度,可以充分地发挥农业地域资源优势,促进农业全面发展,增进农业系统生产力。

(一) 作物布局

作物布局是种植制度的规划阶段,它用于从宏观上、整体上、技术上科学地解决一个地区或生产单位作物种植结构的部署和安排问题。在种植制度中,作物布局是涉及面较广、内容较复杂,综合性、科学性较强的一项基础工作,关系到一个地区或生产单位农业全局的发展。按照社会需求,确立与资源存在状况相适应的、利于地域资源优势发挥、富有市场竞争能力的作物布局与配置方案,是高效种植制度的基础,也是农业可持续发展的重要方面。

(二) 种植模式

种植模式是指一个地区在特定的自然、社会经济条件下,在同一块地上,在一季或一年内种植作物的种类及配置的规范化方式。一个地区经过长期人工选择和自然条件考验所形成的特定种植模式具有稳产、高产的特点,因而是相对稳定的。但是,随着社会经济条件的发展和生产条件的改善,种植模式也会发生相应变化。

我国地域辽阔,生产环境和生产条件差异很大,因而形成了多种多样的种植模式。大体上可归纳为四种基本类型:单作一熟型、单作多熟型、多作一熟型、多作多熟型。

（三）种植体制

种植业生产是连续使用耕地的过程,因此,在年际或上下季之间就存在同一块田地上作物种植的顺序问题。作物种植顺序并不是简单地将不同作物随意地轮换种植或者是同一种作物的连续种植,而是要考虑多种因素之后对作物进行科学的组配,建立起与特定资源条件相适应的作物种植体制。因此,种植体制就是指根据作物对地力的影响、作物与作物之间的协调关系、作物对生态环境的适应能力以及有利于病、虫、杂草防治等原则制定的能体现作物布局总体要求与种植模式特色的作物种植顺序的组配。通常是由轮作、连作以及轮连作组合等方式组成的。

二、养地制度

用地与养地相结合是农作制度研究的主体内容,也是建立合理农作制度的基本原则。种植制度主要阐明的是用地问题,养地制度主要阐明的是如何培养地力,它是与种植制度相适应的以提高土地综合生产能力为中心的技术体系,涵盖农田培肥、土壤耕作、农田灌溉等增加肥力因素和改善肥力条件两个方面。培养地力是农业生产持续发展的重要基础。培养地力有两条途径:一是改善肥力条件,主要由土壤耕作来完成;二是增加肥力因素,主要靠农田培肥、农田灌溉来实现。两者紧密相连,不可偏废。

三、农田防护制度

农田防护制度又称护地制度,是指防止农田遭受水蚀、风蚀、杂草感染及工业废弃物等有毒物质污染的综合技术体系。按照侵害因素的不同,各种农田侵害可划归三大基本类型:一是物理侵蚀,主要有水蚀、风蚀和重力蚀三种基本方式;二是化学侵害,包括化学污染和次生盐碱化;三是生物侵染,包括病、虫、杂草以及其他有害生物的侵染。在农业生产过程中,坚持用地与养地相结合,是合理利用和保护水土资源、维护农田地力可更新性、促进农业可持续发展的重要基础。

复习思考题

1. 简述温度三基点的含义及应用
2. 现代农业对作物品种的要求是什么?
3. 简述作物生产技术的类型。
4. 我国的种植模式有哪些?

即测即评

扫描二维码,做单项选择题,检验对本章内容的掌握程度。

参考文献

[1] 任昌福.作物栽培生理.重庆:重庆大学出版社,2000.

[2] 于振文.作物栽培学各论(北方本).北京:中国农业出版社,2003.

[3] 曹卫星.作物学通论.北京:高等教育出版社,2001.

[4] 董钻,沈秀瑛.作物栽培学总论.北京:中国农业出版社,2000.

[5] 杨文钰.农学概论.北京:中国农业出版社,2002.

[6] 李存东.农学概论.北京:科学出版社,2007.

[7] 翟虎渠.农业概论.北京:高等教育出版社,1999.

[8] 张天真.作物育种学总论.北京:中国农业出版社,2003.

[9] 盖钧镒.作物育种学各论.北京:中国农业出版社,2006.

[10] 贾志宽.农学概论.北京:中国农业出版社,2010.

[11] 王建华,张春庆.种子生产学.北京:高等教育出版社,2006.

[12] 王立祥,李军.农作学.北京:科学出版社,2002.

[13] 李合生.现代植物生理学.北京:高等教育出版社,2002.

第九章 园艺学概述

本章学习目标

1. 掌握园艺植物的基本分类方法；

2. 了解园艺植物繁殖和栽培的基本原理，掌握有性繁殖、嫁接繁殖、自根繁殖、微体繁殖等技术的特点；

3. 掌握园艺植物栽植的常规操作技术的特点。

导 读

　　最早有记录的大规模园艺学植物栽培距今约 1 万年。"园艺"一词指栽植蔬果花木之技艺，英文为 horticulture，是 2 个拉丁字的组合——hortus 和 cultura。它们分别指"花园"和"种植"。可见，园艺的含义中外一致。现代园艺既是一门生产技艺，又是一门形象艺术，指种植果树、蔬菜、观赏植物等的生产技艺，是农业生产和城乡绿化的一个重要组成部分,包括果树学、蔬菜学、观赏栽培学、景观园艺以及园艺作物的采后生理等,形成拥有完善的生产、销售和管理体系的巨大园艺产业。园艺产品既能满足人类的口感,也能满足人类的美感,有的园艺产品甚至成为展示国家或地区特有文化的重要载体,与人类的生产活动、经济繁荣、日常生活、医药保健及环境美化等密切相关。因此,园艺产业既是技术与美术的结合,也是科学与文化的偶联,是现代农业、观光农业、都市农业等必不可少的重要组成部分之一。

第一节　园艺植物的分类

一般来讲,园艺植物主要是指果树、蔬菜和观赏植物,广义上还包括茶叶、药用植物和芳香植物等。全世界的园艺植物大约有 12 000 种,果树大约有 60 科 3 000 种,重要的果树有 300 多种,主栽有近 70 种;蔬菜约有 30 科 1 000 种,我国栽培的蔬菜有 100 多种,其中普遍栽培的有 40~50 种;商品化观赏植物有 8 000 种左右。为方便研究和满足应用如此丰富资源的需要,人们将园艺植物按照不同的需求进行分类。常见的分类方法有植物学分类、栽培学分类和生态学分类。现主要介绍园艺植物的生态学分类方法。

不同的植物由于长期适应某一特定的生态环境条件,在形态、大小、分枝等方面都趋向于相似的特征表型,担负相似或相同的生理生态功能。这些具有相似外貌特征的不同植物被称为一个生活型。根据园艺植物的生活型与生态习性进行的分类即生态学分类。这种分类方法在观赏园艺植物上应用最为广泛,在果树植物上也有应用。

一、果树的生态学分类

根据果树生态适应性的不同,果树可分为寒带果树、温带果树、亚热带果树和热带果树四类。其中一些热带果树与亚热带果树的划分较为困难和不明确。

寒带果树:能耐-40℃低温,一般在高寒地区栽培,如山葡萄、秋子梨等。

温带果树:多是落叶果树,休眠期需要一定的低温条件,适宜在温带栽培,如苹果、沙果、梨等。

亚热带果树:通常在冬季需要短时间的冷凉气候(10℃左右),有常绿的也有落叶的。常绿性亚热带果树有柑橘、枇杷、荔枝等。另外,中国樱桃、欧洲葡萄、核桃等树种的南方品种群的品种也可以在亚热带地区栽培。

热带果树:指耐高温高湿、适宜热带地区栽培的常绿果树,也能在温暖的南亚热带栽培,而柑橘、荔枝、龙眼等亚热带果树也可以在热带地区栽培。

纯热带果树:仅能在热带栽培生长的果树,如榴莲、山竹等。

二、蔬菜的生态学分类

(一) 温度适应性分类

按照蔬菜生长发育时对温度的要求和适应性,蔬菜可分成五类:① 耐寒广适性蔬菜;② 耐寒性蔬菜;③ 半耐寒性蔬菜;④ 喜温蔬菜;⑤ 耐热蔬菜。

(二) 光照适应性分类

根据对光照强度的要求不同,蔬菜常分为强光照蔬菜、中等光照蔬菜和弱光照蔬菜。强光照蔬菜如瓜类、番茄、茄子等;中等光照蔬菜如白菜类、根菜类、葱蒜类等;弱光照蔬菜如绿叶蔬菜、生姜等。

根据蔬菜植物对光周期的反应,蔬菜可分为长日照蔬菜、短日照蔬菜和中日性蔬菜。长日照蔬菜在一天中日照时间逐渐加长的春季抽薹开花,如白菜、芹菜、菠菜等;短日照蔬菜在一天中日照时间逐渐变短的秋季抽薹开花,如扁豆、茼蒿、苋菜等;中日性蔬菜在较长和较短的日照条件下均能开花,如黄瓜、番茄、辣椒等。

(三) 湿度适应性分类

根据蔬菜植物对环境湿度的适应性不同,蔬菜可分成耐干性蔬菜、半耐干性蔬菜、半湿润性蔬菜和湿润性蔬菜。耐干性蔬菜如西瓜、南瓜、甜瓜等,适宜的空气相对湿度为50%左右;半耐干性蔬菜如辣椒、番茄、菜豆等,适宜的空气相对湿度为60%左右;半湿润性蔬菜如黄瓜、西葫芦、萝卜等,适宜的空气相对湿度为75%;湿润性蔬菜如白菜类、甘蓝类、绿叶菜类等,适宜的空气相对湿度为87%左右。

三、观赏植物的生态学分类

(一) 草本观赏植物

草本观赏植物(herbaceous ornamental plant)的茎比较柔嫩,植株比较矮小,主要分为一二年生草本花卉和多年生草本花卉两大类,具体可以分为以下六种花卉。

1. 一年生花卉

该类花卉从播种到开花、结实直至枯死均在一个生长季内完成,一般春季播种,夏季生长,秋季开花结实后死亡。它们往往在长日照下生长、短日照下开花,属短日照植物。这类花卉大多原产于热带或亚热带,不能忍受0℃以下的低温,如凤仙花、鸡冠花、波斯菊等。

2. 二年生花卉

该类花卉一般秋播冬长,翌年春夏开花,盛夏死亡。它们在秋冬的短日照下生长,春夏长日照下开花,属于长日照植物。这类花卉一般原产于温带,可耐0℃以下的低温,但不耐炎热,属于耐寒性花卉,如金鱼草、三色堇、紫罗兰等。

3. 宿根花卉

该类花卉为多年生花卉,地下部分形态正常不发生变态,分为落叶宿根花卉和常绿宿根花卉。落叶宿根花卉耐寒性强,冬季地上部分枯死,根系和地下茎宿存,来年春暖后又重新萌发、生长、开花、结实,如菊花、芍药、蜀葵等;常绿宿根花卉冬季地上部分不枯死,多在温室栽培,如万年青、君子兰、非洲菊等。

4. 球根花卉

该类花卉为多年生花卉,具有肥大的地下变态茎或变态根。分为球茎、鳞茎、块茎、根茎和块根5类。球茎类花卉有唐菖蒲、番红花、小苍兰等;鳞茎类花卉有水仙、郁金香、百合等;块茎类花卉有仙客来、球根秋海棠、马蹄莲等;根茎类花卉有美人蕉、铃兰、射干等;块根类花卉有大丽花、花毛茛、银莲花等。

5. 兰科花卉

兰科花卉按照生态习性又可分为地生兰、附生兰和腐生兰三大类。地生兰有春兰、蕙兰、建兰等;附生兰有石斛、兜兰、卡特兰等;腐生兰不含叶绿素,营腐生生活,常有块根或粗短的茎,叶退化为鳞片状,如大根兰。

6. 水生花卉

水生花卉生长在水中或沼泽地中。如荷花、雨久花、菖蒲等挺水植物;睡莲、芡、萍蓬莲等浮水植物;凤眼莲、荇菜、浮萍等漂浮植物;苦草、金鱼藻等沉水植物。

(二)木本观赏植物

木本观赏植物(woody ornamental plant)的茎坚硬结实,可分为落叶木本观赏植物、常绿木本观赏植物和竹类观赏植物三大类。

1. 落叶木本观赏植物

落叶木本观赏植物很多,秋冬季节时树叶会全部落完。如月季、牡丹、樱花等。

2. 常绿木本观赏植物

常绿木本观赏植物树叶不在同一季节全部落完,而是终年都有少量树叶次第脱落,树冠因此四季常青。如栀子、虾衣花、山茶等。

3. 竹类观赏植物

竹类观赏植物是禾本科竹亚科的植物,竹子的茎、叶形态及生长习性都具有较高的观赏价值。如罗汉竹、佛肚竹、凤尾竹等。

（三）仙人掌类及多浆类植物

仙人掌类及多浆类植物(cacti and succulents)多数原产于热带、亚热带干旱地区或森林中,植物的茎、叶具有发达的储水组织,茎为肥厚而多浆的变态茎。通常包括仙人掌科、景天科、大戟科等植物。仙人掌类观赏植物有仙人掌(球)、昙花、量天尺等;多浆类观赏植物,如芦荟、龙舌兰、生石花等。

（四）草坪植物与地被植物

1. 草坪植物

草坪植物主要指园林中覆盖地面的低矮禾草类植物,它可用来形成较大面积的平整或稍有起伏的草地,将城市除广场、道路以外的地面全部覆盖起来。草坪植物大多是禾本科和莎草科的植物,分成暖季草坪植物和冷季草坪植物两大类。暖季草坪植物如结缕草类、狗牙根、双穗雀稗等,适宜于长江流域及其以南的区域种植;冷季草坪植物如红顶草、绒毛剪股颖、草原看麦娘等,适宜于华北、东北、西北地区种植。

2. 地被植物

紧密地与地面相接而覆盖在裸露地面的低矮的草坪植物群落称地被植物,它对地面有良好的保护和装饰作用。按照生活型的不同分成四种类型:① 木本地被植物,如矮生灌木类;② 攀援藤本类植物,包括爬山虎、紫藤、凌霄等;③ 矮竹类地被植物,包括蒲地竹、矮竹、箬竹等;④ 草本地被植物,一二年生草本地被植物有紫茉莉、二月兰、鸡眼草等,多年生草本地被植物有车轴草、紫花苜蓿、吉祥草等。

（五）蕨类观赏植物

蕨类观赏植物(fern ornamental plant)为高等植物中比较低级而又不开花的一大类观叶植物,根茎匍匐于地下,多年生,叶片生长在地面,主要用孢子繁殖,种类很多,如翠云草、石松、肾蕨、树蕨等。蕨类可做地被观赏植物,叶片常用做鲜切花配材。

第二节 园艺植物繁殖和栽植技术

一、园艺植物的繁殖

园艺植物的繁殖包括有性繁殖(生殖)、嫁接繁殖、自根繁殖、微体繁殖等。

(一)有性繁殖

有性繁殖亦称种子繁殖,即利用园艺植物开花、传粉、双受精后发育成的种子来增加后代个体数量、培育幼苗的一种繁殖方式。这种由种子培育出来的苗称为实生苗,具有特有的遗传性和变异性。

(二)嫁接繁殖

嫁接繁殖是将园艺植物优良品种的枝条或者芽,接到另一植株的枝、干或者根上,使之愈合、成活,形成一个新植株的繁殖方式,是繁殖无性系优良品种的方法。用来嫁接的枝或者芽叫接穗或接芽;承接接穗的植株叫砧木,砧木可以是根段、幼苗或大树。嫁接成活是因为有亲和力的两株植物间在结合处的形成层产生了愈合现象,使导管、筛管互通,形成了一个新个体。嫁接培育出的苗木称为嫁接苗。

(三)自根繁殖

自根繁殖指利用优良母株的枝条、根、芽、叶等营养器官的再生能力,生发不定根或不定芽而长成新植株的繁殖方法。自根繁殖包括扦插、压条和分株繁殖等,在园艺植物生产中应用广泛。

(四)微体繁殖

微体繁殖也称快繁,是指利用适宜的外植体,通过无菌操作,把植物体的器官、组织或细胞接种于人工配制的培养基上,在人工控制条件下培养,使之生长、发育成新植株的技术与方法,又叫组织培养。获得的幼苗即为组培苗。由于培养物是脱离植物母体在试管中进行培养的,所以也叫离体培养或离体繁殖。

二、园艺植物的栽植技术

(一)栽植时期

果树和观赏树木的栽植时期视当地气候条件与树种而异。落叶树种多在落叶后至萌芽前栽植,主要包括秋植和春植。苗木此时处于休眠状态,贮藏营养丰富,水分蒸腾较少,根系易于恢复,促进新根生长,栽植成活率高,缩短来年缓苗期,但在冬季干旱和寒冷地区幼株易受冻和抽条。因此,冬春严寒或秋季少雨地区,以春植为宜,冬季温暖地区可选秋植。

蔬菜和草本观赏植物栽植时期变化较大,根据实际需要栽植,但以春、秋两季栽植为主。一年生喜温蔬菜如茄果类、瓜类、薯芋类等,需在晚霜过后于露地种植或出苗。在生长期较长的长江流域,番茄、菜豆和马铃薯等可一年春、秋栽培两茬;耐寒的豌豆和蚕豆适宜在初冬(长江流域)或春季化冻后(东北地区)播种。二年生耐寒性蔬菜如白菜类、甘蓝类、根菜类等主要在秋季播种;在冬季温暖地区(黄淮以南),葱蒜类及甘蓝、白菜等蔬菜均可秋播后越冬生长,而北方地区甘蓝、莴苣和葱蒜类等都以春播为主。

(二)栽植密度

园艺植物栽植要有合理的栽植密度,过密、过稀栽植都不利于产量、品质和经济效益的提高。

(三)种苗准备

果树和观赏树木栽植的关键是有好的苗木。苗木要按质量分级并确保种苗的种类和品种无误;选用的苗木要求生长健壮、根系发达、芽饱满、无检疫病虫害;剪除苗木的根蘖和折伤,并修剪根系,剪除伤根、病根、烂根、失水干枯根和过长根。用杀菌剂对根消毒。栽前加入生根促进剂(如生根粉、生长素、根宝2号等)浸根,再用泥浆裹根保湿以提高成活率。

蔬菜和草本花卉栽前种苗需提前1周减少或停止灌水,加强通风。若不能按时栽植苗木会陡长,栽前5~7天将种苗挖出,带土坨囤苗在床内,控制幼苗地上部分的生长,使主根受伤后促发侧根,有利于栽后缓苗。栽植时去掉烂根和剪除部分过长根,促进侧根和新根生发;摘除一些较老的叶、病叶和枯萎叶,以减少水分散失;为了促进侧芽生发,有些种类还可以摘心。为防止一些病虫害的扩散和流行,在栽植前利用秧苗集中的特点,在苗床喷施农药,可节省农药和人力。

(四)栽植

栽植木本园艺植物时,先将表土混合好肥料,取其一半填入坑内培成丘状,按照品种栽植计划将苗木放入坑内小土丘上,前后、左右对直,使根系舒展并均匀分布在坑底的土丘四周。然后将另外一半掺肥土分层填入坑中,边填土边踏,边提苗,并轻轻抖动苗木,使根系与土壤密接。最后将新土填入栽植穴,直至填土接近地面,根颈高于地面5厘米左右,并在苗木四周筑灌水盘。栽后立即灌透水,待水渗下后要求根颈与地面齐平,土壤稍干后扶正苗并培土成小土堆保墒,嫁接口高出地表 10 厘米。

蔬菜、花卉等草本园艺植物的栽植,一般是按预定的株行距开沟或开穴,放入秧苗,覆土,浇水,再覆土压实即可。也可采用坐水栽(随水栽)的方法,即在开沟或开穴后,先引水灌溉,随水将苗栽上,水渗后覆土封苗。这种栽苗法速度快,根系能够散开,成活率也较高。栽植深度依作物种类不同而异。春季在温暖、天晴、无风时栽苗容易成活;夏季在阴天全天或晴天的下午定植易于成活;越冬前栽苗应选用已发出一定数量新根的苗,否则易遭冻害。

（五）栽后管理

1. 木本园艺植物的栽后管理

（1）幼树定干整修。根据树种、品种的类型、树形的要求及栽培条件,要对果树在幼树成活后春季发芽前定干,在干高要求基础上加 20 厘米左右整形带将苗木剪截。不同树种的干高要求不同,如稀植的苹果和梨定干高度一般为 80~100 厘米,桃树定干高度为 40~60 厘米。

（2）幼树防寒。抽条是指幼龄树越冬后枝干失水干枯的现象。北方无论春栽或秋栽,都要注意防止冻害和抽条发生。冬季可埋土防寒,春季可设置风障或套塑料薄膜袋保护,以防抽条发生。

（3）防止病虫害。幼树树体小,枝芽叶稀少,注意防治金龟子、毛虫、红蜘蛛、蚜虫等虫害和病害,提高成活率和促进苗木生长。

（4）查活及补植。栽后 14~21 天检查苗木成活情况,若有缺苗及时补栽。

（5）土壤肥水管理。秋栽埋土防寒的植株,春季要及时出土,避免在土中萌芽而影响成活。春季为提高地温和保持土壤水分,可于发芽前在树下覆盖地膜,促进苗木成活;展叶后间隔 15 天连续根外追肥 2~3 次,以速效氮肥为主;6 月以后勤施薄肥 1~2 次,以复合肥为佳;结合施肥和土壤墒情灌水,保证苗木成活和生长发育良好。

2. 草本园艺植物栽后管理

（1）保温缓苗。草本园艺植物栽植后 3~5 天应注意保温,促进缓苗。

（2）灌水控水。栽植后 5~7 天,幼苗叶片舒展或发新叶,表明根系开始恢复生长和执行吸收功能,苗已缓转。缓苗后及时浇缓苗水以补充定植水的不足。对于果菜类而言,缓苗后至产品器官进入迅速生长期前应控制浇水,中耕后蹲苗,如萝卜在肉质根或洋葱在鳞茎开始迅速膨大前,大白菜、甘蓝在开始包心前。蹲苗时间一般 10~15 天,可根据蔬菜种类、栽培季节及生长状况等灵活掌握。

（3）移苗补栽。移栽后出现死苗、烂苗、缺苗时,用定植时专门留下的同品种备用苗及时移苗补栽。

（4）中耕。灌缓苗水后及时中耕,可抑制杂草滋生、保持土壤水分、提高土壤温度,促进根系生长发育,防止枝叶陡长,调节植株地下、地上部分的生长发育平衡。

 复习思考题

1. 园艺植物分类的目的是什么？常用的分类方法有哪些？

2. 园艺植物的繁殖方式有哪些？

 即测即评

扫描二维码,做单项选择题,检验对本章内容的掌握程度。

参考文献

[1] 朱立新,李光晨.园艺通论.2版.北京:中国农业大学出版社,2009.

[2] 罗正荣.普通园艺学.北京:高等教育出版社,2005.

[3] 程智慧.园艺学概论.北京:中国农业出版社,2003.

[4] 程智慧.园艺学概论.北京:科学出版社,2009.

[5] 康有德.英汉园艺学词汇.上海:上海科学技术出版社,2004.

[6] 韩振海.园艺作物种质资源学.北京:中国农业大学出版社,2009.

第十章　畜牧学概述

本章学习目标

　　1. 了解我国畜牧业现状；

　　2. 了解动物营养与饲料、动物遗传繁育的基础知识。

导　读

　　畜牧学是一门研究家畜饲养、管理、育种、繁殖以及畜产品加工等相关领域的综合性学科，重点研究家畜的良种繁育、饲养管理、营养需要和环境卫生等基础理论。

第一节　我国畜牧业的现状

一、畜牧业在国民经济中的地位

农业是国民经济的基础,而畜牧业是农业的重要组成部分。随着人类生活水平的不断提高,人们的膳食结构发生变化,动物性产品所占的比重不断增加,畜牧业的发展水平已经成为衡量一个国家或地区国民经济发展水平、农业生产发展水平和人民生活水平的重要标志,主要表现为:促进农业持续、协调发展;为加工业提供多种原料,促进出口创汇;为人类提供药材和保健食品。因此,畜牧业在农业和整个国民经济中举足轻重,占有非常重要的地位。

二、我国畜牧业的成就和新时期发展战略

(一) 我国畜牧业的成就

改革开放以来,我国畜牧业生产得到长足发展,畜牧业总产值占农业总产值的比重从 1978 年的 15.0% 提高到 2010 年的 30.0%,发展方向由单纯追求数量向数量、质量和效益并重转变,发展方式逐步由小规模传统养殖向现代养殖方式转变。总结改革开放 30 多年来的成就,主要体现在以下四个方面:

(1) 畜禽产品产量连创新高,保障市场有效供给;

(2) 优质动物性食品比重增加,有效改善了人们的膳食结构;

(3) 带动了相关产业发展,促进了农民增收;

(4) 产业安全保障日益完善,促进畜牧业健康发展。

(二) 新时期我国畜牧业的发展战略

1. 推动科技进步,加速科技成果的推广和应用

积极开展畜禽品种遗传资源开发,良种选育、扩繁和推广,现代分子育种技术的研究应用,培育优良品种,加快构建与现代畜牧业生产相适应的育、繁、推一体化的种畜禽生产供应体系。

2. 加强饲料供给能力建设,提高饲料利用率

通过实施秸秆高效利用工程,加强秸秆氨化、青贮、微贮等技术的推广应用,提高秸秆利用率;优化利用食品厂加工的副产品、屠宰场废弃物和薯类等非粮饲料资源;通过研发饲料加工技术和营养调控技术,提高畜禽饲料的利用率。

3. 推进畜禽标准化规模养殖体系建设

加快畜禽规模养殖场基础设施改造,大力推进养殖标准化和规模化进程,借鉴发达国家发展畜牧业的先进经验,以龙头企业为引领,以养殖合作组织和中介服务组织为纽带,加快标准化规模养殖,走出一条生产效益提升、资源利用高效、环境生态良好的畜牧业可持续发展道路。

4. 加强草原建设和生态环境保护工作

发展草原畜牧业还需要加快实施《全国草原保护建设利用总体规划》。根据不同地区草原生产能力和载畜量,种植优质牧草,适度建设人工饲草料基地,大力推进草业产业化、规模化发展,转变草原畜牧业发展方式。

5. 加强动物疫病防控工作

通过强化免疫预防基础工作,以检疫促免疫,以免疫促防疫,提高疫病防控工作的可靠性。进一步完善动物卫生执法体系,加强执法监督队伍建设,建立保障有力、运转高效的动物防疫体系。

6. 完善畜牧业的社会服务体系

加强政府对畜牧业的宏观调控,完成对畜牧业进行统一管理的管理体制改革,加强有关畜牧业的法规建设;对发展生态畜牧业优惠贷款、减免税收,对防治流行性疫病发生的费用给予适当补偿;政府引导社会经济实体通过"公司+农户"方式,逐步形成产、供、销一体化经营的方式。

第二节　动物营养与饲料

一、动物饲料的分类

从广义上讲,饲料是指凡是能作为动物的食物且保证动物正常生长的一切可食用物质;从狭义上讲,饲料是指能提供饲养动物所需的养分、保证健康、促进生长和生产且在合理使用下不发生有害作用的可食用物质。

（一）国际饲料分类法

在国际上,饲料分类是按照家畜对营养成分的利用特点,从营养学角度出发将饲料分为 8 种类型,分别为粗饲料、青绿饲料、青贮饲料、能量饲料、蛋白质饲料、矿物质饲料、维生素饲料、添加剂饲料。

（二）我国饲料分类法

我国饲料分类法为:首先,根据国际饲料分类原则将饲料分成 8 大类;其次,结合我国实际分类习惯划分为 17 亚类。对每类饲料进行 7 位数编码,首位是国际饲料分类编码,第 2 位、第 3 位为我国亚类编码,第 4 位至第 7 位为顺序码,如 4-07-0279 表明第四大类能量饲料,谷物籽实类,第 279 号饲料。

二、饲料营养价值的评定

饲料营养价值可通过对代表性样品进行物理、化学和生物学分析来加以评定。

（一）物理学分析法

物理学分析法包括感官法、容重测量、比重测定和显微镜检测。

（二）化学分析法

化学分析法包括概略养分分析法、Van Soest 分析法等。

（三）生物学分析法

生物学分析法是指对被动物摄食后的饲料,在消化吸收和利用过程中的变化及其效率,采用消化实验、生长实验、比较屠宰实验和同位素示踪技术等方法进行测定。

三、配合饲料

配合饲料是指根据动物饲养标准及饲料原料本身的营养特点,结合实际生产情况,制定科学的饲料配方,选用两种以上饲料原料配合而成的均匀混合物。

（一）配合饲料的分类

1. 按营养成分分类

配合饲料可分为全价配合饲料、浓缩饲料、添加剂预混合饲料及载体、稀释剂和精料补充料。

2. 按饲料形状分类

配合饲料可分为粉状饲料、颗粒饲料、碎粒饲料、膨化饲料和压扁饲料。

3. 按饲喂对象分类

配合饲料可分为普通经济动物饲料、野生动物配合饲料、水产动物配合饲料和实验动物配合饲料等。

（二）饲料配方设计的原则

为了对各种资源进行最佳分配,配方设计人员需要各学科的综合知识储备,而且要有丰富的一线实践经验,所以配方设计应基本遵循以下原则:科学性原则、经济性和市场性原则、可行性原则、安全性与合法性原则、逐级预混原则。

四、饲料卫生与安全规范

（一）法律法规和制定行业卫生标准

政府根据畜牧业现状,参照发达国家颁布的法律法规制定符合我国国情的法规和管理办法。针对抗生素、激素类等添加剂的添加量要严格要求,制定行业标准,规范养殖户合理用药。

（二）应用新技术保障饲料和畜产品安全

（1）加强安全性检测,确保饲料原料安全;

（2）严格按规定选择使用饲料和添加剂;

（3）研究营养与免疫的关系,通过完善营养方案和管理规范,不断提高动物的免疫力。

第三节　动物遗传繁育

一、动物遗传的基本原理

经过 100 多年的不断发展,遗传学极大地推动了人类社会的发展。人类医疗保健水平的提高、动植物新品种培育、生态环境的改善等,均与遗传学有着密不可分的联系。

（一）遗传的物质基础

科学家经过不断研究发现,绝大部分生物的遗传物质是脱氧核糖核酸（DNA）,然而有些病毒,如烟草花叶病毒的结构非常简单,只有蛋白质和核糖核酸（RNA）,没有 DNA,这些 RNA 病毒则利用 RNA 作为遗传物质。

（二）遗传学三大基本定律

遗传学三大基本定律分别为:分离定律、自由组合定律、连锁与互换定律。

二、家畜常规育种的方法

家畜育种是指采用一切可能的手段来改进家畜的遗传性能,以期产出数量多、质量高的畜产品。在实践生产中,通过育种可以提高动物的生产效率。

（一）选择指数法

在家畜育种中,把同时要选择的若干性状应用数量遗传的原理,按其程度分别进行评分或加权,并把每个性状的评分或加权值相加得出总分或总加权值,作为个体间可以相互比较的数值,这个数值就是选择指数,常作为选种依据。

（二）多性状综合遗传评定

最佳线性无偏预测法(best linear unbiased prediction,BLUP)由美国康奈尔大学学者 Henderson 提出。其实质是利用观察值的一个线性函数对固定效应和随机效应的任意线性可估函数进行估计和预测,要求同时满足预测误差方差和无偏性最小两个条件,由此得到最佳线性无偏估计值和最佳线性无偏预测值。

三、动物繁殖生物技术

（一）人工授精技术

利用人工的方法,使用特定器械采集雄性动物的精液,再将经过检查、稀释、保存处理后的精液用输精器械输入雌性动物生殖道的特定部位,以代替雌、雄动物自然交配而繁殖后代的一种技术。

（二）胚胎移植技术

胚胎移植技术是指将优良遗传性状的哺乳动物交配后的早期胚胎取出,或将经体外受精而获得的早期胚胎,人工移植到同种、生理状态相同的雌性动物的生殖道内,使其继续发育直到产生出新的正常个体的生物技术。胚胎移植技术能加快扩繁引进良种母畜优秀个体的数量和缩短良种母畜选择种畜的年限,加快遗传进程,迅速提高家畜的生产力,对于加速新品种的培育进程具有重要意义。

（三）动物克隆技术

动物克隆技术是指不经过有性生殖方式,直接获得与亲本具有相同遗传物质后代的过程。哺乳动物的克隆仅指细胞核移植技术,包括体细胞核移植和胚胎细胞核移植技术。体细胞克隆在获得异种移植组织器官、抗病育种、挽救濒危动物等方面都具有十分重要的意义。

（四）性别控制技术

性别控制技术是人为干预动物的生殖过程,使雌性动物产出人们期望性别的后代的技术。性别控制目前主要通过两种方式来实现:一是受精前从体外分离含 X 染色体的精子和含 Y 染色体的精子;二是受精之后,通过对胚胎的性别进行鉴定、移植。性别控制在家畜生产、人类遗传病控制方面有着广阔的前景。

（五）体外受精技术

体外受精技术是指哺乳动物的精子和卵子在体外人工控制的环境中完成

受精过程的技术,在动物繁殖领域和人类不孕症方面应用广泛。

(六)转基因动物技术

转基因动物技术是指通过一定的方法将人工分离和修饰过的基因导入受体动物的基因组中或把受体基因组中的某一段 DNA 切除,从而使受体动物的遗传信息发生人为改变,进而获得具有稳定表现特定的遗传性状的个体的一门生物技术。

(七)干细胞技术

干细胞是一类具有无限自我更新能力的细胞,能够产生至少一种类型高度分化的子代细胞,能在体外大量扩增、冻存而不失其原有特性。干细胞能够进行自我复制,具有分化能力,是新个体的起源。

 复习思考题

1. 简述新时期我国畜牧业的发展战略。

2. 饲料营养价值评定的方法有哪些?饲料配方设计的原则是什么?

3. 动物繁殖生物技术主要有哪些?

 即测即评

扫描二维码,做单项选择题,检验对本章内容的掌握程度。

参考文献

[1] 蒋思文.畜牧概论.北京:高等教育出版社,2006.

[2] 李建国.畜牧学概论.2版.北京:中国农业出版社,2011.

[3] 岳文斌.畜牧学.北京:中国农业大学出版社,2002.

[4] 中国养殖业可持续发展战略研究项目研究组.中国养殖业可持续发展战略研究.北京:中国农业出版社,2013.

［5］陈代文.动物营养与饲料学.北京:中国农业出版社,2005.

［6］潘英树.动物遗传育种与繁殖学.长春:吉林大学出版社,2010.

［7］杨公社.猪生产学.北京:中国农业出版社,2003.

［8］昝林森.牛生产学.2版.北京:中国农业出版社,2007.

［9］赵有璋.羊生产学.2版.北京:中国农业出版社,1995.

［10］杨宁.家禽生产学.北京:中国农业出版社,2003.

［11］熊家军.特种经济动物生产学.北京:科学出版社,2009.

［12］农业部畜牧兽医司.中国畜牧业统计2010.北京:中国经济出版社,2011.

［13］中国统计局.中国统计年鉴2013.北京:中国统计出版社,2013.

［14］科学技术部农业科技司.中国农产品加工业年鉴2009.北京:中国农业出版社,2010.

［15］农业部.2010年草原监测报告.北京:农业部草原监理中心,2011.

［16］杜青林,等.中国草业可持续发展战略.北京:中国农业出版社,2006.

［17］中国饲料添加剂信息网.哺乳母猪几种典型饲料配方.北方牧业,2008.

［18］中国奶业协会.中国奶业统计资料2013.北京:中国奶业协会,2013.

［19］楚惠民,宫本芝,王文友,等.规模猪场仔猪早期断奶技术研究.2012年第六届南京农业大学畜牧兽医学术年会论文集,2012.

［20］单英杰,章明奎.不同来源畜禽粪便的养分和污染物组成.中国农业生态学报,2012.

第十一章　植物保护学概述

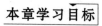本章学习目标

1. 掌握植物保护的概念及意义；
2. 了解植物病害的主要症状；
3. 了解植物保护的主要措施。

导　读

　　植物保护对于农业的安全高效生产极其重要。农作物的生长过程及产品的加工、储藏及运输中面临多种生物（植物病原微生物、害虫、害鼠及杂草等）和非生物因素的危害，植物保护的主要任务就是针对这些有害因素建立和应用安全、高效的保护措施，确保作物的产量和质量及经济价值。

第一节　植物保护的作用

一、植物保护的概念及方针

植物保护既是科学也是实践,旨在建立和应用安全、高效的措施保护作物免遭有害生物的破坏和危害,确保作物的产量和质量及经济价值。我国在20世纪70年代提出了"预防为主,综合防治"植保八字方针。近年来,我国开始强调"科学植保、绿色植保和公共植保"的理念。

二、植物保护的意义

有害生物大致可以分为杂草、有害动物(包括昆虫、螨类、蜗牛、鼠类、鸟类和哺乳动物等)和病原物(真菌、卵菌、细菌、线虫、病毒和寄生性种子植物等)。它们对作物的危害主要分为三个方面,即降低作物的产量、降低农产品的品质和降低农产品的经济价值。据统计,在不采取任何保护措施的情况下,作物的产量只有理论产量的20%。植物受到有害生物的破坏后,会影响作物的新陈代谢,这样势必影响农产品的品质,因此,植物保护对我国粮食安全、食品安全至关重要。

三、植物病害的主要症状及病原物的主要类型

植物病害指的是植物或植物产品在生长发育、储存或销售期间因受到生物因子或(和)非生物因子的不良影响,使正常的新陈代谢过程受到干扰或破坏,造成植株死亡、产量降低和品质下降,最终导致其经济价值或观赏价值下降或丧失的现象。植物病害是威胁植物生产的主要因素之一,植物病害不仅可导致作物产量和质量降低,而且影响生物多样性和生态环境。因此植物病害对人类的生产和生活造成了极大的影响,在此基础上诞生的植物病理学则有助于人们认识植物病害,揭示植物病害的病因、危害及其发生、流行的基本规律,并掌握植物病害诊断、病原鉴定及植物病害的防治方法。

(一)植物病害的主要症状

植物病害发生后会导致植物出现由生理病变到组织病变,再到形态病变的一系列变化,最后使植物的生长和繁衍受到影响甚至死亡。这种因为植物病害而出现的有别于正常植株的病变后的形态特征称为症状,大体上可以分为以下

五大类型：

（1）变色，包括发病植物局部或全株的色泽异常，如褪绿、黄化、花叶、斑驳、条纹和明脉等症状。一般来说，植物病毒、植原体及非生物因子可引起植物变色。

（2）坏死，指的是发病植物局部或大片组织的细胞死亡，如各类叶斑病、果实上的斑点、炭疽和疮痂等，猝倒、立枯、穗枯、梢枯及溃疡等。真菌、卵菌、细菌、病毒和线虫等病原物均可引起坏死。

（3）萎蔫，一般由植物维管束病害或根部病害引起。因维管束堵塞或根部坏死影响水分的吸收或运输，从而导致植物部分枝叶或全株失水，出现萎蔫现象。常表现为青枯或枯萎。

（4）腐烂，指植物较大面积的破坏、死亡和解体。可分为干腐、湿腐和软腐等类型。

（5）畸形，指植物全株或局部器官、组织的形态异常，如丛枝、矮化、增生和卷叶等症状。细菌、病毒、真菌和线虫等均可导致寄主植物畸形。

（二）植物病原物的主要类型

植物病害发生的原因有生物因子、非生物因子及遗传因子。由生物因子引起的病害有特定的侵染过程，病原生物包括菌物、细菌、病毒、线虫和寄生性种子植物等。而非侵染性病害是不适宜的非生物因素直接或间接引起的一类病害，主要包括物理因素和化学因素，也有少数非侵染性病害由植物自身遗传因素异常引起。

第二节　植物保护的方式

一、植物保护的原则

2006年始我国全面推进公共植保和绿色植保。公共植保就是把植保工作作为农业和农村公共事业的重要组成部分。绿色植保就是把植保工作作为人与自然和谐系统的重要组成部分，采取生态治理、农业防治、生物控制、物理诱杀等综合防治措施，确保农业可持续发展；选用低毒高效农药，应用先进施药机械和科学施药技术，减轻残留、污染，避免人畜中毒和作物药害，要生产绿色产品；植保能防范外来有害生物入侵和传播，确保环境安全和生态安全。

二、植物保护的主要措施

（一）化学农药防治

农药是适宜于预防、消灭或者控制危害农业、林业的病、虫、草害和其他有害生物以及有目的地调节植物、昆虫生长的化学合成或者来源于生物、其他天然物质的一种物质或几种物质的混合物及其制剂。农药为保障农业稳产、丰产，解决全人类温饱问题做出了杰出的贡献，我国农药的使用挽回了作物30%～40%的潜在损失。

随着人类环保意识的日益增强，农药的残留和造成的环境污染引起了世界各国的重视，抗药性也越来越引起人们的关注。因此，科学合理地应用农药是植物化学保护成功的关键。

（二）植物检疫

植物检疫是通过科学的方法，运用专业设备、仪器和技术，对携带、调运的植物及植物产品等进行有害生物检疫，并依靠国家制定的法律法规保障实施的行为。植物检疫的目的是防止植物及其产品的危险性病、虫、草害传播蔓延，保护农业与环境安全。我国现行的植物检疫体系主要包括国家质量监督检验检疫总局和农业部以及国家林业总局，前者主要负责口岸出入境检疫，后者主要负责国内植物检疫。

（三）抗病虫育种

抗性品种是指具有抗逆境（干旱、涝、盐碱、倒伏、病害、虫害、草害等）遗传特性的植物品种。选育和利用抗病、抗虫、抗除草剂等的植物品种，是最经济、有效、安全、环保的植物保护措施。

但抗性品种也存在较大的局限性：① 并非所有重要的病虫害都有可利用的抗性品种；② 有害生物通过强大的变异适应能力，使抗性品种丧失抗性；③ 自然条件下有害生物种类繁多，抗性品种控制了目标病虫后，常使次要有害生物种群上升为重要种群等。因此应该合理利用抗性品种，最大限度地发挥抗性品种的作用。

（四）农业防治

农业防治是在农业生态系统中，利用和改进耕作栽培技术及管理措施，调节植物、有害生物和环境条件之间的关系，创造有利于作物生长、不利于病虫害发生的环境条件，以控制病虫害的发生和发展。农业防治不需要特殊设施，易与其他措施相配套，主要包括：① 使用无病种苗。可有效降低病虫害的人为传播和压低病虫害初侵染来源。② 合理的种植制度。一方面，有利于构建作物多样性,既可调节农田生态环境,又可改善土壤肥力和物理性质;另一方面,有利于有益微生物繁衍,增强自然控病能力。③ 加强栽培管理。适时排灌、平衡施肥,清理农田病虫害及其滋生场所,将会促使植物健康生长,减少病虫害发生的危害。

(五)生物防治

在自然界中,各种生物通过食物链和生活环境等相互联系、相互制约,形成复杂的生物群落和生态系统。生物防治即是利用有益生物及其产物控制有害生物种群数量的一种防治技术。

生物防治主要包括保护有益生物、引进有益生物、人工繁殖与释放有益生物以及生物产品的开发和利用等途径。可利用的生物防治因子总体来讲包括害虫天敌、有益的病原微生物、拮抗微生物、生物源代谢产物等。

(六)物理防治

物理防治是指采用物理的方法消灭、减低有害生物数量或恶化有害生物生活的环境,可最大限度地减少农药的使用,保护生态环境,主要包括:① 器械捕杀和人工捕捉。根据害虫的生活习性,设计较简单的器械进行直接捕杀,摘除害虫卵块和初孵幼虫聚集的叶片,从而降低虫口密度。② 诱集与诱杀。设计诱集装置,加入杀虫剂诱杀害虫。③ 阻隔法。设置各种障碍物,防止害虫为害或蔓延。例如套袋、树干刷白等。④ 应用温度、湿度杀灭有害生物,主要包括日光暴晒、温汤浸种、低温杀虫等。⑤ 气调法。指通过改变储藏环境中的气体成分来防治害虫的新技术。它是仓储害虫的综合治理的重要手段之一。⑥ 放射能与激光的应用。指应用放射能直接杀死害虫或造成雄虫不育,以达到消灭害虫的目的。

(七)除草防虫治病

农田杂草除与作物争肥、争水、竞争空间和阳光外,往往还是有害生物的野生过冬的寄主或越冬越夏的场所。因此清理田间杂草有利于通风透光,降低田间小气候的湿度,还有利于降低有害生物的种群数量,减少初侵染源,达到防虫治病的目的。

植物在生长发育过程中,害虫的取食会增加病害发生的概率,增加病害发生程度。一方面,害虫体内携带病原物,如病毒在田间扩散的主要介体;另一方面,害虫体表黏附细菌或菌物的孢子,随着害虫的获得帮助病害进行传播。另外,害虫取食造成的伤口为病害的发生提供了良好的位点和侵染机会,增加和加重病害的发生概率和严重程度。因此,防虫有助于病害的防治。

复习思考题

1. 植物病害的主要症状有哪些？
2. 植物保护的原则是什么？
3. 植物保护的主要措施有哪些？

即测即评

扫描二维码，做单项选择题，检验对本章内容的掌握程度。

参考文献

[1] 谢联辉.普通植物病理学.北京：科学出版社,2013.

[2] 侯明生.农业植物病理学.北京：科学出版社,2014.

[3] 冯纪年.鼠害防治.北京：中国农业出版社,2010.

[4] 韩召军.植物保护学通论.北京：高等教育出版社,2012.

[5] 雷朝亮,荣秀兰.普通昆虫学.2版.北京：中国农业出版社,2011.

[6] 强胜.杂草学.2版.北京：中国农业出版社,2011.

[7] 万方浩,郭建英,张峰.中国生物入侵研究.北京：科学出版社,2009.

[8] 张启发.绿色超级稻的构想与实践.北京：科学出版社,2009.

教学支持说明

建设立体化精品教材,向高校师生提供整体教学解决方案和教学资源,是高等教育出版社"服务教育"的重要方式。为支持相应课程教学,我们专门为本书研发了配套教学课件及相关教学资源,并向采用本书作为教材的教师免费提供。

为保证该课件及相关教学资源仅为教师获得,烦请授课教师清晰填写如下开课证明并拍照后,发送至邮箱:liurong@ hep.com.cn 或 jingguan@ pub.hep.cn,也可通过 QQ:46104652 或 103639388,进行索取。

咨询电话:010-58581020,编辑电话:010-58581783

证　　明

兹证明_____大学_____学院/系第_____学年开设的____

_____课程,采用高等教育出版社出版的《　　　　　　　》作为本课程教材,授课教师为_____,学生_____个班,共_____人。授课教师需要与本书配套的课件及相关资源用于教学使用。

授课教师联系电话:_____　　E-mail:_____

学院/系主任:_____(签字)

(学院/系办公室盖章)

20____年____月____日